Lina Girdauskaite
Lokale Strukturfixierung im Preformherstellungsprozess für komplex gekrümmte Faserkunststoffverbundbauteile

TUDpress

Lina Girdauskaite

Lokale Strukturfixierung im Preformherstellungsprozess für komplex gekrümmte Faserkunststoffverbundbauteile

TUDpress
2011

Die vorliegende Arbeit wurde am 21.01.2011 an der Fakultät Maschinenwesen der Technischen Universität Dresden als Dissertation eingereicht und am 24.06.2011 verteidigt.

Gutachter:
Prof. Dr.-Ing. habil. Hartmut Rödel
Prof. Dr.-Ing. Peter Mitschang

Bibliografische Information der Deutschen Nationalbibliothek
Die Deutsche Nationalbibliothek verzeichnet diese Publikation in der Deutschen Nationalbibliografie; detaillierte bibliografische Daten sind im Internet über http://dnb.d-nb.de abrufbar.

Bibliographic information published by the Deutsche Nationalbibliothek
The Deutsche Nationalbibliothek lists this publication in the Deutsche Nationalbibliografie; detailed bibliographic data are available in the Internet at
http://dnb.d-nb.de.

ISBN 978-3-942710-40-4

Verlag der Wissenschaften GmbH
Bergstr. 70 | D-01069 Dresden
Tel.: 0351/47 96 97 20 | Fax: 0351/47 96 08 19
http://www.tudpress.de

Gesetzt vom Autor.
Printed in Germany.

Meinem Großvater Vitas gewidmet

Lokale Strukturfixierung im Preformherstellungsprozess für komplex gekrümmte Faserkunststoffverbundbauteile

Local structure fixation in the composite manufacturing chain

DISSERTATION

zur Erlangung des akademischen Grades
Doktor der Ingenieurwissenschaften
– Dr.-Ing. –

vorgelegt an der
Fakultät Maschinenwesen
der Technischen Universität Dresden

von
M. Sc. Lina Girdauskaite
geboren am 9. Mai 1980 in Šakiai (Litauen)

Gutachter:
Prof. Dr.-Ing. habil. Hartmut Rödel
Prof. Dr.-Ing. Peter Mitschang

Tag der Einreichung: 21.01.2011
Tag der Verteidigung: 24.06.2011

Danksagung

Ich habe während der Zeit meiner Doktorarbeit die Unterstützung vieler Menschen erfahren. Ihnen allen, auch den namentlich nicht genannten, bin ich zu großem Dank verpflichtet.
Mein ganz besonders herzlicher Dank gilt meiner Betreuerin Frau Prof. S. Krzywinski für die Themenstellung, für die Förderung der Arbeit, für ihre unermüdliche Diskussionsbereitschaft, für die wertvollen Anregungen und die ausgezeichnete Betreuung sowie Durchsicht des Manuskripts. Ihre kontinuierliche Unterstützung und die fachliche Kompetenz haben maßgeblich zum Gelingen der Arbeit beigetragen.
Herrn Prof. H. Rödel danke ich für die Möglichkeit der Durchführung meiner Arbeit auf dem interessanten Arbeitsgebiet der Konfektionierung technischer Textilien sowie für die hilfreichen Diskussionen und die moralische Unterstützung.
Frau M. Stohr und Frau I. Kunath danke ich für die Hilfe bei der Vorbereitung und Durchführung der textilphysikalischen sowie der konfektionstechnischen Prüfungen.
Allen Mitarbeiterinnen und Mitarbeitern des Institutes und meinen studentischen Helfern danke ich für die Unterstützung und Zusammenarbeit während meiner Promotionszeit am Institut für Textilmaschinen und Textile Hochleistungswerkstofftechnik.
Mein herzlicher Dank gilt Herrn Prof. V. Ulbricht sowie allen Mitgliedern des integrierten Graduiertenkollegs des SFB 639 für die interessante Zusammenarbeit und Unterstützung.
Nicht alle Messungen und Präparationsarbeiten konnten am Institut für Textilmaschinen und Textile Hochleistungswerkstofftechnik der TU Dresden durchgeführt werden.
Herrn Prof. P. Mitschang und Herrn G. Rieber, Institut für Verbundwerkstoffe GmbH, Kaiserslautern, danke ich für die Hilfe bei der Durchführung und Auswertung der 2D-Permeabilitätssmessungen und die inspirierende Zusammenarbeit während meines Aufenthaltes in Kaiserslautern.
Für die Hilfe bei der Auswahl und den Untersuchungen der Binder sowie die fachliche Zusammenarbeit und die Arbeit an gemeinsamen Publikationen danke ich Herrn R. Böhme und Frau Dr. I. Jansen vom Fraunhofer Institut für Werkstoff- und Strahltechnik.
Herrn Dr. Modler und Herrn M. Danczak, Institut für Leichtbau und Kunststofftechnik der TU Dresden, danke ich für die Hilfestellung bei den Computertomographiemessungen.
Herrn S. Utecht, Composyst GmbH, Augsburg, danke ich für seine Hilfestellung bei der Durchführung des VAP-Verfahrens und seine kompetenten Ratschläge während der Themenbearbeitung.
Zum Gelingen dieser Arbeit hat das private Umfeld zu einem hohen Maße beigetragen. Ich danke meinen Eltern und insbesondere meiner Schwester für ihre Unterstützung. Meinem Freund Eduardo danke ich für die wissenschaftliche Diskussionen sowie die moralische Unterstützung. Markus Dietzen möchte ich für die Durchsicht des Manuskripts danken.

Abstract

The use of composite materials in the manufacture of aircraft and other lightweight structures has increased steadily since the introduction of these materials in 1916. The advantage of textile reinforced composite parts compared to conventional steel or aluminium is manifold: they are generally stronger and stiffer, lighter in weight and also provide greater resistance to fatigue, corrosion, creep and wear.
The production of such composite parts, independent of the material structure or manufacturing process, shares a common step: deformation of the planar textile structure into the three dimensional shape. The focus is a near net shape preform. The actual development of the preform only partly fulfills quality standards required for highly technological applications. The common insufficiencies in the manufacturing process are geometry deviations during deformation and subsequent stacking processes. They result from thread displacement and falling apart of the textile structure during deformation. When forming textiles made of high performance fibres into complexly shaped geometries, it is difficult, if not impossible for some shapes to be preformed without wrinkling, buckling and thread distortions. To eliminate these problems, pattern cut development is usually applied. Pattern cuts are developed directly on the model geometry so the reinforcement structures can be correctly placed according to loads in the desired 3D-components without requiring re-working. In this work, the pattern cuts were derived from the 3D geometry with inverse computational methods. In order to know whether the chosen pattern cut is suitable for the defined 3D-form tool with respect to intra-ply shearing, the shear angle was examined with CAD tools.
The textile deformation process can be successfully improved by locally applying a fixative to the structure on the areas with minimal distortions. This hinders unwanted distortions in the textile stock during the subsequent stacking and forming steps and at the same time allows high deformation degree. Besides, additional fixing step in the manufacturing chain can be avoided applying binder simultaneously with the cutting. The results unequivocally show that suitable binders, applied in the appropriate manner do not restrict a needed deformation of the textile and have no negative influence on the mechanical properties of the composite. These results were achieved through computational and experimental investigations on a specific double curved geometry, and were additionally applied to a rib structure of direct importance to the aircraft industry. Altogether, these results show that localized fixation with suitable binders not only improve preform quality, but also enables a better handling and draping reproducibility due to the increased localized stiffness of the individual pattern cuts. This leads to a much desired increase of the level of automation in the preform manufacturing chain.

Inhaltsverzeichnis

1 Ausgangssituation und Zielsetzung

1.1 Einleitung

Die Geschichte der **Faser-Kunststoff-Verbunde** (FKV)[1] reicht bis 5000 Jahre vor Christus zurück. Die Menschheit hat unbewusst schon in der Vorzeit alle möglichen Utensilien aus Holz und Knochen, deren Fasern dem Kraftfluss im Bauteil entsprechend orientiert sind, genutzt. Bewusste Anwendungen gehen bis 1000 Jahre vor Christus zurück. In Ägypten wurden Mumiensärge aus verklebten Pergamentblättern hergestellt. Um 500 vor Christus wurden von den Inka- und Mayakulturen mit pflanzlichen Fasern verstärkte Tongefässe verwendet. Zu Anwendungen späteren Datums gehört u.a. die Mischung von Rinderhaaren in den Gips für Stuckarbeiten [Erm07].

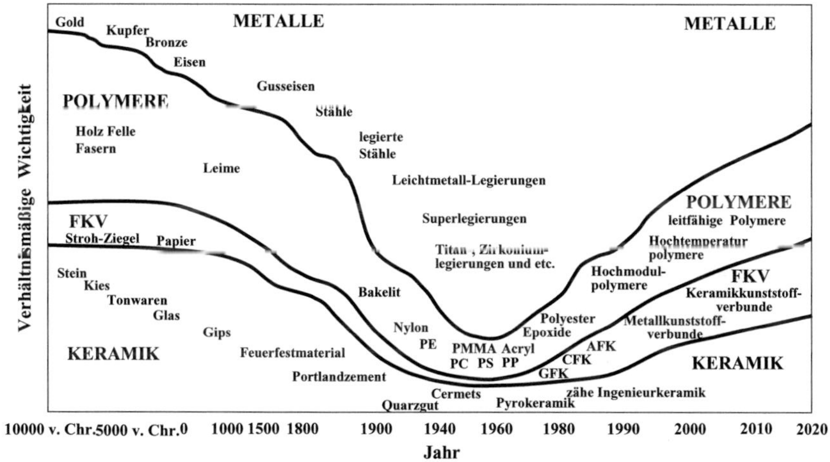

Bild 1.1: Werkstoffanteile im Verlauf der Menschheitsgeschichte [Åst97]

Werkstoffe wie Porzellan, Glas und Metall-Legierungen wurden meist mehr oder weniger zufällig entdeckt. Des Weiteren löste die Verknappung und Verteuerung wichtiger Rohstoffe zu Beginn des 20. Jahrhunderts eine intensive Suche nach synthetischen (künstlich hergestellten) Ersatzwerkstoffen aus (siehe Bild 1.1). Grundlegend veränderte technische Anforderungen der schnell wachsenden Industrie konnten mit Naturstoffen allein

[1]Ein Faser-Kunststoff-Verbund (FKV) ist ein Werkstoff, bestehend aus Verstärkungsfasern und einer polymeren Kunststoffmatrix.

nicht mehr erfüllt werden. Aus natürlichen Rohstoffen wie Kohle, Steinkohlenteer, Erdöl und Erdgas wurden im Laufe der Zeit unzählige Verbindungen, darunter zahlreiche Kunststoffe, synthetisiert [WM04].

Die Idee der luftfahrttechnischen Nutzung der FKV wurde 1916 geboren, als KEMP ein Patent über den Bau eines nahezu vollständig aus faserverstärkten Kunststoffen bestehenden Flugzeugs anmeldete. Es hat etwa 40 Jahre gedauert bis die glasfaserverstärkten Kunststoffe (GFK) erstmals für Strukturbauteile in Militärflugzeugen eingesetzt und erprobt wurden und die eigentliche Entwicklung moderner **Hochleistungsfaser**[2]-Kunststoff-Verbunde begann [gru03].

Die Verwendung von FKV hat in den letzten Jahren einen signifikanten Auftrieb erlebt. Die karbonfaserverstärkten Kunststoffe (CFK) werden in der Luft- und Raumfahrt favorisiert und sind heutzutage nicht mehr wegzudenken. Die Vorteile der äußerst hohen Festigkeit und Steifigkeit dieser Faserverbundwerkstoffe im Vergleich zu metallischen Werkstoffen (siehe Bild 1.2) führen aufgrund der geringen Dichte dazu, dass hochbeanspruchte Bauteile mit geringer Masse hergestellt werden können.

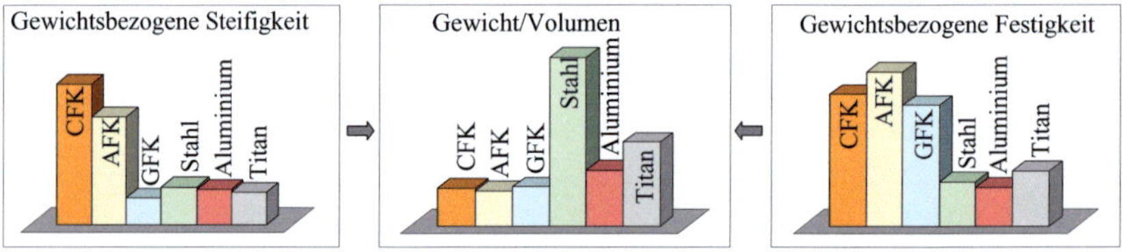

Bild 1.2: Gewichtsbezogene Steifigkeit und Festigkeit der FKV [gru03]

Für die Herstellung von FKV kommen zwei unterschiedliche Verfahren zum Einsatz, die sich hinsichtlich der erzielbaren Bauteilgeometrie, ihres Einsatzgebietes sowie der damit verbundenen Investitionskosten deutlich unterscheiden können. Das sind **Prepreg**- und **Preform**-Verfahren.

Prepreg (Preimpregnated Fibers) sind vorimprägnierte Verstärkungsmaterialien für die Herstellung von Bauteilen im Press- und Autoklav-Verfahren. Diese Bauteilherstellungsverfahren führen aufgrund der Zähigkeit des Harzes zu hervorragenden mechanischen Eigenschaften [WWK+09]. Seit Jahren werden Prepregs, vorrangig mit duroplastischer Matrix, in der Luft- und Raumfahrtindustrie eingesetzt. Die Anwendung von Prepreg ist in der Regel mit hohen Materialkosten verbunden. Die nachfolgend genannten Punkte treiben die Kosten der bisher etablierten Prepreg-Technologie in die Höhe und schränken das Einsatzgebiet ein [WM04]:

- die Lagerung zwischen Herstellung und Verarbeitung muss im Kühlhaus erfolgen,
- die Prepregs können nur in klimatisierten Räumen verarbeitet werden,
- teuere massive Werkzeuge werden benötigt,

[2]Hochleistungsfasern sind orientierte Polymeren, die sich durch gute oder sehr gute mechanische Eigenschaften und/oder hohe Temperaturbeständigkeit auszeichnen [Nou03]. Die wichtigsten Vertreter der Hochleistungsfasern sind Glas- (GF), Karbon- (CF) und Aramidfaser (AF).

- der Einsatz dieser Werkstoffe für die Fertigung komplexer, stark gekrümmter Bauteile ist infolge der erheblichen Steifigkeiten nur eingeschränkt möglich.

Unter textilem **Preforming** versteht man die Fertigung einer textilen Preform - dies ist ein Fasergebilde, das in Fasermenge, Faserorientierung und in der äußeren Gestalt dem zu fertigenden Bauteil oder einer Unterstruktur eines Bauteils entspricht [WM04]. Die Preformprozesskette hat gegenüber der Verarbeitung von vorimprägnierten Halbzeugen (Prepregs) folgende Vorteile [WM04, ML00, AUT06, Dex98]:

- Realisierung hoher Umformgrade,
- Herstellung komplex geformter Verstärkungsfaserstrukturen mit bauteilangepassten Orientierungen der Verstärkungsfasern,
- kostengünstigere Konsolidierung.

Gegenwärtig zu verzeichnende Nachteile von Preforms gegenüber Prepreg hinsichtlich der mechanischen Eigenschaften der Bauteile resultieren aus der Ondulation der Verstärkungsfasern (Gewebe, Geflechte), der Veränderung der Verstärkungsfaserorientierung durch Näh- oder Wirkfäden (Multiaxialgelege) sowie einen hohen Nähfadenanteil (Tailor-Fiber-Placement). Weiterentwicklungen der Textilmaschinentechnik, die Anwendung von Bindertechnologien und der Einsatz von Nähfäden aus Hochleistungsfasern zielen auf eine Minimierung dieser negativen Einflussfaktoren [ML00, Her04].

Da sich bei der Anwendung trockener Preformtechnologien Kosteneinsparungen realisieren lassen [Ost96, Bad02], gewinnen sie immer mehr an Bedeutung. Die Barriere, die eine Anwendung trockener Verstärkungshalbzeuge und Preforms in mittleren bzw. Großserien sowie eine preiswerte Herstellung von FKV-Bauteilen verhindert, resultiert aus dem geringen Automatisierungsgrad des Fertigungsprozesses [CKD09]. Für die Ausweitung des Anwendungsfeldes sind deshalb neue Technologien, kostengünstige Fertigungsprozesse und Designkonzepte erforderlich [Noh02, Mar02, BDF97]. Insbesondere komplizierte Bauteilgeometrien erfordern eine deutlich verbesserte Fertigungsgenauigkeit und die Reproduzierbarkeit der notwendigen Arbeitsschritte in der Preformprozesskette. Die Kombination unterschiedlicher Flächenbildungstechniken und Faserverstärkungsrichtungen im Preformdesign führt nur dann zum erwarteten Ergebnis, wenn Dimensionierungen durch genaue Kenntnis des Materialverhaltens bei Zuschnitt, Formgebung und Fertigung unterstützt und durch qualitätssichernde Maßnahmen tangiert werden [Krz05].

Zur textilphysikalischen Charakterisierung von Halbzeugen aus Hochleistungsfaserstoffen ist eine Anpassung der textilen Prüftechnik unumgänglich, da sich die textilen Verstärkungsstrukturen deutlich von klassischen Flächengebilden unterscheiden [RH02, BLS+02]. Die Verbindung der Zuschnitte zur gewünschten Preform, die möglichst gut dem zu fertigenden Bauteil entspricht, kann durch unterschiedliche Fügetechniken erfolgen.

Der gegenwärtige Fertigungsablauf des Preformprozesses erfüllt die in Hochtechnologiebereichen gestellten Qualitätsanforderungen nur teilweise. Fäden werden verschoben oder fallen bei der Handhabung der Verstärkungsstruktur nach dem Zuschnitt aus dem Flächenverbund heraus. Beim Einlegen der Zuschnitte in doppelt gekrümmte Umform- und/oder Konsolidierungswerkzeuge ist eine Formgebung der Fläche durch Scherung erforderlich. Schlecht quantifizierbare Beanspruchungen führen dabei zu teilweise erheblichen Geometrieabweichungen und zur Veränderung der Orientierung der Verstärkungsfäden.

Somit bleibt eine reproduzierbare Preformfertigung ein wichtiges Thema der Forschung.

1.2 Zielsetzung und Aufbau der Arbeit

Bei allen bisherigen Untersuchungen kristallisieren sich bei der Verarbeitung trockener textiler Halbzeuge Probleme bei der Handhabung und der reproduzierbaren Formgebung heraus. Zur Verbesserung dieser Fertigungsschritte sowie der notwendigen Stapelprozesse zum Aufbau mehrlagiger Strukturen wird eine Modifikation der Verstärkungsstruktur durch die **lokale Strukturfixierung** unter Einsatz von Bindern für die zielgerichtete Herausbildung von Steifigkeitsunterschieden vorgeschlagen. Diese Aufgabenstellung wurde bisher nicht ausführlich wissenschaftlich untersucht. Damit wird ein wesentlicher Beitrag zur Erarbeitung eines Fertigungskonzeptes für eine Prozesskette zur Herstellung komplex geformter Bauteile mit duro- und thermoplastischer Matrix geleistet. Das neue Verfahren zur Preformherstellung basiert auf der Ausbildung verarbeitungs- und, im Hinblick auf die mechanischen Bauteilanforderungen, beanspruchungsgerecht ausgelegten Fixierungszonen zur gezielten Beeinflussung des Drapierverhaltens und zur Sicherstellung der Preformstabilität. Durch die lokale Fixierung der Verstärkungsstruktur werden eine reproduzierbare Handhabung der textilen Halbzeuge, eine beanspruchungsgerechte Verformung ein- oder mehrlagiger Zuschnitte sowie die Herstellung eigenstabiler, komplex gekrümmter Preforms möglich.

Um die Aufgabenstellung der Arbeit zu präzisieren, wird zunächst der Stand der Technik auf diesem Fachgebiet analysiert. Als Referenzmaterialien werden im Rahmen der Arbeit Halbzeuge aus Glas- (GF) und Karbonfaser (CF) unterschiedlicher Bindungen, Fadenfeinheiten und -dichten und Halbzeuge aus Glasfaser/Polypropylen (GF/PP) betrachtet. Für die Herstellung der Faserverbundkunststoffe werden thermoplastische und duroplastische Matrixsysteme eingesetzt.

Zur Untersuchung des Einflusses der lokalen Strukturfixierung mittels verschiedener Binder werden zur Prüfung von Hochleistungsfaserstoffen geeignete Prüftechnik ausgewählt und ein umfassendes experimentelles Testprogramm durchgeführt.

Im folgenden Kapitel wird der Prozessschritt der Verformung (Drapierung) der textilen Verstärkungshalbzeuge detailliert untersucht. Um eine faltenfreie Drapierung der Verstärkungshalbzeuge zu komplexen Bauteilgeometrien ohne Trial und Error zu ermöglichen, werden die relevanten mechanischen Kennwerte der Verstärkungsstrukturen bestimmt und die Verformung simuliert. Die computerunterstützte Zuschnittgenerierung erfolgt anhand von Referenzgeometrien.

Die Ergebnisse der durchgeführten Drapieranalyse werden im weiteren Verlauf der Arbeit zur Festlegung von Fixierungszonen genutzt. Um die lokale Fixierung möglichst genau unter Berücksichtigung der eingesetzten Verstärkungsstrukturen ausführen zu können, werden die Strukturen modelliert.

Nach Erarbeitung der Grundlagen zur verbesserten Herstellung komplex gekrümmter FKV-Bauteile durch die Kombination von textiler Konfektions- und Binder-Umformtechnik werden die erlangten Ergebnisse an einem Demonstrator - einer doppelt gekrümmten Struktur aus der Luftfahrtindustrie - umgesetzt.

Das letzte Kapitel dient der Zusammenfassung der Ergebnisse dieser Arbeit. Basierend auf den gewonnenen Erfahrungen werden weitere Perspektiven aufgezeigt.

2 Preformtechnologie

2.1 Gesamtprozess

Unter einer **Preform** oder einem Vorformling versteht man eine noch nicht imprägnierte Faserstruktur, die in einem Verfahren mit einer Matrix zu imprägnieren und zu einem konsolidierten FKV-Bauteil zu verarbeiten ist. Die Preform-Technologie greift auf textile Halbzeuge (Gewebe, Geflechte, Gelege, Gestricke) zurück, die entsprechend ihrer Anwendung wirtschaftlich hergestellt werden können [Wei03]. Zur Bauteilfertigung aus Preforms kommen in der Regel duroplastische und thermoplastische Kunststoffe zum Einsatz. Lange Prozesszeiten und damit verbundene hohe Fertigungskosten schränken die Anwendung des Herstellungsprozesses von FKV mit duroplastischen Matrixsystemen ein. Thermoplastische Matrixmaterialien gewinnen in der letzten Zeit immer mehr an Bedeutung, bedingt durch eine hohe Produktivität, niedrigere Kosten und die Recyclingfähigkeit [Zha07].

Durch den Einsatz von textilen Verstärkungshalbzeugen können verschiedenste endkonturnahe (Near Net Shape) textile Preforms gefertigt werden. Generell werden zwei Varianten zur Herstellung solcher Preforms unterschieden: die **direkte** und die **sequentielle Preformherstellung**. Bild 2.1 zeigt einen Vergleich der Möglichkeiten. Bei der direkten Preformherstellung wird die 3D-Verstärkungsgeometrie in einem Schritt erzeugt. Im Gegensatz dazu werden beim sequentiellen Verfahren mehrere Prozessschritte zur Herstellung einer 3D-Preform benötigt.

2.1.1 Direkte Preformherstellung

Basierend auf Fasermaterialien unterschiedlicher Typen und Aufmachung können verschiedene Wege zur Herstellung einer Preform gewählt werden. Bei den Standardverfahren werden regellos orientierte Fasern eingesetzt, mit Binder gemischt und meist auf eine siebartige Form gespritzt. Die Binder dienen dazu, die Preform während des Pressens zu festigen und zur gewünschten Endform zu bringen. Im nächsten Schritt wird die Preform mit einer Matrix injiziert. Diese Methode wird durch die geringe Variabilität und die bedingte Ausnutzung der mechanischen Eigenschaften der Verstärkungsfasern begrenzt [WM04].

3D-Textilherstellungsverfahren werden ebenfalls zu den direkten Preformfertigungsverfahren gezählt. Zu diesen gehören das 3D-Weben, das 3D-Stricken, das 3D-Wirken sowie das 3D-Flechten und die Tailor-Fiber-Placement-Technik (TFP). Dabei werden Endlosfasern verwendet [WM04].

3D-Gewebe bieten ein hohes Potenzial für die Herstellung von integral verstärkten Strukturen. Das Verfahren wird schon seit Jahren im Bereich der technischen Textilien eingesetzt und ist somit keine Sonderentwicklung für die Faserverbundindustrie, sondern

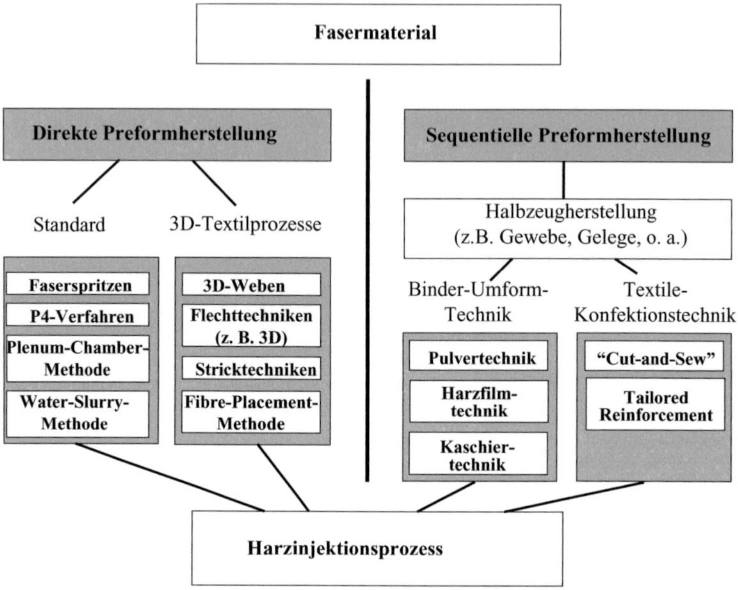

Bild 2.1: Übersicht der verschiedenen Verfahren zur Preformherstellung [WM04]

vielmehr eine Umsetzung der bestehenden etablierten Techniken auf die Faserverbundwerkstoffe. Das 3D-Weben ist durch hohe Faservolumenanteile in Dickenrichtung gekennzeichnet. Die Delaminationsneigung wird damit erheblich vermindert. Die Herstellung komplexer Preformgeometrien mittels 3D-Weben ist jedoch in der Regel mit einem erheblichen Programmier- und Rüstaufwand verbunden und dadurch wenig flexibel. Weitere Faktoren, die den Einsatz begrenzen, sind eine nicht frei einstellbare Faserorientierung und die infolge Fadenondulation reduzierten mechanischen in-plane Eigenschaften [WM04].

Durch Entwicklungen im Bereich bi- und multiaxialverstärkter Mehrlagengestricke kann das Flachstricken auch für die direkte Preformherstellung eingesetzt werden [Ora06]. Die Technik der Einzelnadelauswahl ermöglicht außerdem die endkonturnahe Preformherstellung mehrfach gekrümmter Preforms. Die Verstärkungsfasern liegen in gestreckter Form vor, vergleichbar der Fadenanordnung bei Gelegen, und werden durch Maschenfäden gehalten. Gestricke zeichnen sich durch gute Drapiereigenschaften aus. Auch bei Mehrlagenbiaxialgestricken lassen sich hohe Umformgrade erreichen. Außerdem wird bei mehrlagigen Strukturen die Delamination im Verbund stark gemindert [Ora06].

Ein weiteres Verfahren, mit dem Produkte mit einer 3D-Struktur und/oder -Geometrie direkt hergestellt werden können, ist das Wirken. Durch die Bildung der Maschen über die gesamte Arbeitsbreite in einem Maschenbildungszyklus können sehr hohe Produktionsgeschwindigkeiten erreicht werden. Allerdings sind die Musterungsmöglichkeiten gegenüber dem Stricken sehr eingeschränkt [Trü06].

Mit dem 3D-Flechten können komplexe offene und geschlossene Profilhalbzeuge sowie ebene Strukturen gefertigt werden. Der Nachteil dieser Technik liegt in einer begrenzten Bauteilbreite. Der Winkel der Flechtfäden ist im Bereich von 10° bis 60° einstellbar. Zusätzlich können lokal Steherfäden in 0°-Richtung eingebracht werden. Somit ergibt sich eine Begrenzung auf triaxial verstärkte Strukturen. Flechtbauteile zeichnen sich durch ein sehr gutes Impact-Verhalten aus [WM04]. Wie beim 3D-Weben ist auch hier ein erheblicher Programmier- und Rüstaufwand zur geometrie- und beanspruchungsgerechten Umsetzung der Bauteilanforderungen notwendig.

Die Tailor-Fiber-Placement-Technik (TFP) basiert auf der Sticktechnik. Faserrovings werden in einer beanspruchungsgerechten Fadenorientierung auf einem Stickgrund mittels Nähfäden fixiert und die 3D-Preformgeometrie wird dabei Schritt für Schritt aufgebaut. Das Leichtbaupotential der Verstärkungsfasern kann dadurch optimal ausgenutzt werden. Die geringe Produktivität dieses Verfahrens ermöglicht nur dann eine wirtschaftliche Fertigung, wenn die Umsetzung hoher mechanischer Anforderungen erste Priorität hat [RTL+99, Fel97].

Zusammenfassend lässt sich feststellen, dass mit dem direkten Preforming nur eine beschränkte Komplexität der Preforms und damit der Bauteile wirtschaftlich effizient umgesetzt werden kann. Typische Bauteilgeometrien sind Platten, Profile und Hohlkörper. Die Einsatzgrenzen des direkten 3D-Preformings ergeben sich außerdem durch einen hohen Programmierungs- und Rüstaufwand, eine teilweise geringe Produktivität der Herstellungsverfahren bei komplexen Geometrien und begrenzter geometrischer Abmessungen der Bauteile. Mit Ausnahme der TFP-Technik lässt sich die bauteilangepasste Verstärkungsfadenorientierung nur eingeschränkt umsetzen.

2.1.2 Sequentielle Preformherstellung

Ausgehend von einem textilen Halbzeug werden bei der **sequentiellen Preformherstellung** mehrere Prozessschritte benötigt, um eine endkonturnahe Preform zu erzielen. Eindimensionale Verstärkungsstrukturen, z. B. in Form von UD-Tapes oder UD-Bändern, besitzen den Vorteil der nahezu 100 %-igen Ausnutzung der Fasereigenschaften. Durch die Verarbeitung von UD-Tapes lassen sich hohe Faservolumengehalte erzielen. Das beanspruchungsgerechte Ablegen dieser Strukturen auf komplexen Oberflächen ist jedoch sehr zeitaufwendig und hinsichtlich der Radiengestaltung eingeschränkt.

Als flächige Verstärkungsstrukturen für Preforms kommen derzeit vor allem Gewebe und Gelege sowie zunehmend biaxial verstärkte Mehrlagengestricke und Spezialstrukturen zum Einsatz. Aufgrund der geringen Verstärkungswirkung finden Vliesstoffe nur selten Anwendung.

Dreidimensionale Halbzeuge (siehe oben) sowie vorkonfektionierte Gelege oder Gewebe in Form von Subpreforms lassen sich mit den flächigen Verstärkungsstrukturen im Preformdesign kombinieren. Die Auswahl der Halbzeuge ist von den Anforderungen an die mechanischen Eigenschaften, die Oberflächen- und Weiterverarbeitungseigenschaften, sowie die Geometrie des angestrebten Bauteils abhängig.

Die Preform wird entweder Lage für Lage im Werkzeug zur Imprägnierung und Konsolidierung aufgebaut oder komplett vor dem Einlegen auf einem Formwerkzeug hergestellt. Abhängig vom Verformungsverhalten der Verstärkungsstrukturen können diese ein- oder mehrlagig drapiert werden. Im Bild 2.2 ist die heutzutage übliche Fertigungskette von Faserverbundbauteilen aus textilen Halbzeugen dargestellt [Mit04].

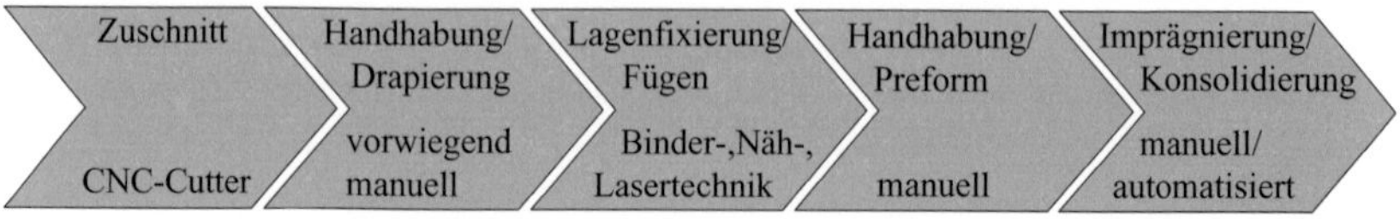

Bild 2.2: Fertigungskette von Faserverbundteilen aus Verstärkungstextilien [Mit04]

2.2 Schwachstellen des sequentiellen Preformings

Im derzeitigen Preformherstellungsprozess wird das textile Halbzeug zunächst auf Rollen angeliefert und CAD-basiert auf dem Cutter zugeschnitten. Die Zuschnitte werden vom Zuschnitttisch manuell abgeräumt und häufig zwischengelagert. Entsprechend dem Fertigungsablauf werden die Zuschnitte zu einem späteren Zeitpunkt manuell aus dem Lager entnommen und positionsgenau auf das Formwerkzeug gelegt bzw. drapiert, um den ermittelten Lagenaufbau zu realisieren. Zur Vermeidung des Verrutschens werden die Lagen gegeneinander fixiert. Das Vorgehen wird Lage für Lage wiederholt, bis die erforderliche Preformdicke erreicht ist. Diese Preform kann dann mittels unterschiedlicher Infusions- oder Injektionsverfahren oder beim Einsatz von Hybridgarnen mit thermoplastischer Komponente im Pressverfahren zu einem FKV-Bauteil weiterverarbeitet werden [ESS09].

Bisher fehlt häufig die Verkettung der einzelnen Arbeitschritte. Für die effiziente und reproduzierbare Herstellung von verarbeitungs- und beanspruchungsgerechten Preforms aus textilen Halbzeugen, die sich für die wirtschaftliche Weiterverarbeitung zu komplex gestalteten und/oder hoch beanspruchten Faserverbundbauteilen eignen, bestehen bei nahezu allen Bauteilherstellungsverfahren deutliche Defizite [CKD09]. Erhebliche Geometrieveränderungen verhindern infolge einer geringen Verschiebestabilität der textilen Halbzeuge in Verbindung mit dem hohen Anteil manueller Arbeit bei dem Preformherstellungsprozess durch Aufbau des Lagenpaketes, Verformen und Einlegen in das zur Konsolidierung benötigte Formwerkzeug die gewünschte Reproduzierbarkeit der Preformqualität und die Einhaltung der strukturmechanischen Eigenschaften.

Da die Materialkosten einen erheblichen Kostenanteil (> 75 %) bei der Preformherstellung verursachen, sind eine materialsparende Auslegung der Bauteile sowie eine Verschnittoptimierung bei der Entwicklung der Preforms von maßgeblicher Bedeutung [Gru09].

Verschiedene Forschungsprojekte, u. a. AutoPreforms [HGF07], Preform-RTM [Mit04], INTEX [GGK+02], haben Verfahren für einzelne Prozessschritte der Preformherstellung erarbeitet. Im Ergebnis stehen maßgeschneiderte Einzellösungen zur Verfügung, die in der Regel bauteilbezogen entwickelt wurden. Darüber hinaus zeigt sich, dass die Fertigung textiler Preforms für eine automatisierte Herstellung von Bauteilen aus FKV Gegenstand vieler aktueller Forschungsprojekte ist (u. a. [SGK+09, ESS09, MH06, CHR+06, AUT06, uni08, Her04]).

Um den Stand der Technik des Preformings zu analysieren und bestehende Schwachstellen herauszuarbeiten, werden im Folgenden die einzelnen Prozessschritte *Zuschnitt* und *Handhabung* detailliert betrachtet.

2.2.1 Zuschnitt

Die aus Hochleistungsfasern hergestellten textilen Flächen unterscheiden sich deutlich von klassischen Flächengebilden. Dies betrifft sowohl strukturelle Gesichtspunkte in Form des Garnaufbaus, der Fadendichten und -feinheiten, der Flächenmassen und der Dicken der Flächengebilde, als auch die zum Zuschnitt benötigten Kräfte aufgrund der hohen Faserfestigkeiten. Des Weiteren verursachen die teilweise offenen Strukturen der Verstärkungstextilien Probleme beim Zuschnitt und der nachfolgenden Handhabung und führen damit zu Maßhaltigkeitsproblemen.

Für den Zuschnitt kommen folgende Schneidmedien in Frage:

- Messer (ziehend, oszillierend) oder Rundmesser,
- Ultraschall,
- Laserstrahl,
- Wasserstrahl,
- Plasma,
- Stanzen.

Mittels Laserstrahlung besteht prinzipiell die Möglichkeit der berührungslosen und maßhaltigen Konfektionierung sowohl von textilen Habzeugen als auch von FKV. Beim Einsatz der Lasertechnik werden die Materialeigenschaften jedoch teilweise negativ beeinflusst. Dies zeigt sich in einem ungewollten Verschmelzen der Schnittkanten beim Vorhandensein thermoplastischer Komponenten oder dem Verbrennen bzw. Verkrusten der Schnittkanten. Letzteres führt zu einer Festigkeitsminderung infolge der Materialschädigung. Die beim Trennen von Textilien mittels Laser auftretenden geschmolzenen, verkrusteten und im Extremfall verkohlten Schnittkanten sind hinreichend bekannt und deren Ursache anhand der Einflüsse der Verfahrensparameter bereits mehrfach beschrieben worden [Möl04, BMS92]. Beim Trennen wird neuerdings der Einsatz von gepulsten Lasersystemen untersucht, um den Energieeintrag auf die zum Trennen notwendige Menge zu begrenzen und dadurch Schmelz- und Pyrolysevorgänge zu vermeiden [BMS92].

Das Aufschmelzen im Bereich der Schneidkante führt beim Schnitt einzelner Lagen mit thermoplastischer Komponente zur Fixierung abgetrennter Fasern und beim Mehrlagenschnitt zusätzlich auch zur Fixierung der einzelnen Textillagen. Eine verschmolzene Schnittkante kann Handhabung/Transport verbessern aber auch das Drapierverhalten beschränken und damit die Herstellung komplex gekrümmter Bauteile auf Basis trockener Preforms verhindern.

Beim Wasserstrahlschneiden wird das zu bearbeitende Material durch einen Hochdruckwasserstrahl getrennt. Der Schneiddruck liegt zwischen 10 und 600 MPa. Seine Vorteile gegenüber den klassischen Verfahren liegen in der niedrigen thermischen und mechanischen Belastungen, sowie den geringen Strahlabmessungen. Im Vergleich zu mechanischen Trennverfahren, wird beim Wasserstrahlschneiden eine Flüssigkeitsströhmung verwendet. Für den Abtrag durch stationäre Wasserstrahlen sind vorwiegend Druckkräfte verantwortlich. Während des Wasserstrahlschneidens können die Spannungen innerhalb des Halbzeuges entstehen, welche zum Versagen den Materialbindungen und zum Ausbruch einzelner Materialpartikel führen [KK07].

Deshalb sind in der industriellen Praxis vorrangig Zuschnittanlagen mittels Messer- und Ultraschalltechnik zu finden. Aufgrund der erreichbaren Präzision und der hohen Schnittkantenqualität nimmt der Einsatz der Ultraschalltechnik in letzter Zeit zu. Die Schneidkraft wird durch eine hochfrequente Bewegung des Messers senkrecht zur Schneidrichtung minimiert. Zunächst wurden mit der Ultraschallschneidtechnik nur Einzellagen geschnitten. Mittlerweile ist das Mehrlagenschneiden von Prepregs und trockenen Textilien ebenso möglich [Ahr04]. Dabei ist die Lagenhöhe von der zu schneidenden Struktur und der Flächenmasse abhängig.

Häufig werden in Zuschnittanlagen auch verschiedene Schneidköpfe kombiniert. In der industriellen Praxis kommen für den Zuschnitt von Flächengebilden aus Hochleistungsfasern u. a. Zuschnittanlagen der Firmen GFM-GmbH [gfm10], TopCut-Bullmer [top10], Lectra [lec10], keilmann group [ksl10] und Eurolaser [eur10] zum Einsatz.

Das Verbundprojekt Preform-RTM [Mit04] widmet sich unter anderem der Problematik des Zuschneidens von technischen Textilien. Die FKV-Produktionskette wurde in fünf Schritte gegliedert: Herstellen der textilen Halbzeuge, Vernähen der Halbzeuge zu einem Vorprodukt in der Nähanlage, Ausschneiden der endkonturnahen textilen Preform, Imprägnieren der textilen Preform mittels Harzinjektionsanlage mit flüssigem Harz in einem geschlossenem Werkzeug und Optimierung der einzelnen Schritte mit einem Computersystem unter Beachtung sämtlicher Anforderungen der gesamten Prozesskette und durchgehender Datenablage. Die textilen Flächen wurden im Rollenspeicher der Näh-Schneide-Anlage vorgelegt und dann automatisch durch seitliche Transportbänder eingezogen. Nachdem ein mehrlagiger Aufbau der Vorprodukte im Nähfeld positioniert wurde, konnten die Fixierungsnähte eingebracht werden. Nach dem Nähen wurde das Paket automatisch mit seitlichen Greiferketten in die Schneidezone transportiert und mit einem Portal-Cutter wurden die einzelnen Zuschnitte ausgeschnitten. Anschließend konnten die gezielt verstärkten Preforms zu komplexeren Systemen in der Ebene montiert werden. Die beschriebene Methode ist vorwiegend für 2D-Bauteilanwendungen geeignet.

Aufgrund der hohen Festigkeiten der Verstärkungstextilien stellt der Zuschnitt eine besondere Herausforderung dar. Die unterschiedlichen Ausrichtungen der einzelnen Fasern und der Lagenaufbau der textilen Strukturen können die Stabilität des Schneidbereiches an der Schnittkante verringern. Um die Maßhaltigkeit des Zuschnittes zu sichern und die Schnittqualität nicht zu beeinträchtigen, müssen ungewünschte Verformungen und Verschiebungen im Randbereich vermieden werden. Die Bindertechnologie kann zur Kantenqualitätssicherung genutzt werden. Um einer Verklebung des Schneidmediums vorzubeugen, kann die lokale Fixierung zur Verbesserung der Kantenstabilität etwas innerhalb des Teiles erfolgen.

2.2.2 Handhabung

Die Preformprozesskette beinhaltet weiterhin die Handhabung der Verstärkungstextilien in Form des Greifens und des Ablegens sowie das Drapieren der zugeschnittenen Halbzeuge. Aufgrund der Biegeweichheit der textilen Halbzeuge ist die Automatisierung dieser Prozessschritte schwer realisierbar. Greif- und Drapierkomponenten von Handhabungssystemen müssen flexibel auf unterschiedliche Materialeigenschaften und Produktionsbedingungen einstellbar gestaltet werden [Her04, RS01].

Die Analyse des gesamten Fertigungsprozesses bei der Herstellung von Faserverbundbauteilen aus Preforms zeigt, dass die Aspekte Handhabung bzw. Formgebung einen erheblichen Einfluss auf die Qualität des Endproduktes haben [Bad02]. Bis jetzt werden über 80 % der Handhabungsprozesse zur Bereitstellung und Zuführung von Preforms zur Konsolidierung manuell durchgeführt.

Ziel muss es sein, Automatisierungslösungen zu erarbeiten, die den Automatisierungsgrad bei der Handhabung der Halbzeuge erhöhen und das faltenfreie Einlegen in das Formwerkzeug ohne Positionskorrekturen ermöglichen.

Die dazu benötigten Greifer können nach mehreren Kriterien gegliedert werden. Eine Möglichkeit ist, die Greifer nach ihrem Wirkprinzip in mechanische, pneumatische, pneumostatische/pneumodynamische, elektrische und adhäsive Greifer zu unterscheiden. Bei dieser Klassifizierung ist es jedoch schwierig, z.B. mechanisch-pneumatische Greifer einzuordnen. Eine andere Möglichkeit besteht darin, die Greifer nach ihrem Halteverfahren zu sortieren. Vier große Bereiche können dabei unterschieden werden: unterstützende, klemmende, haftende und baggernde Verfahren [HMS+04].

Im Folgenden werden Konzepte zum automatisierten Greifen biegeweicher Bauteile vorgestellt.

Im Forschungsprojekt CFK-TEX [ESS09] am iwb Anwenderzentrum Augsburg wurde in Zusammenarbeit mit einem multidisziplinären Projektkonsortium eine umfassende Automatisierung des Preformfertigungsprozesses angestrebt. Im Rahmen der Forschungstätigkeiten konnten hochflexible, roboterbasierte, technische Systeme entwickelt werden, die in der Lage sind, das Abräumen des Cutters und das Einlegen der CF-Textilien in 3D-Formen automatisiert durchzuführen. Es wurden Funktionsmuster realisiert und experimentell validiert, mit welchen es möglich ist, Zuschnitte vom Cutter abzunehmen und definiert auf einem dreidimensional geformten Bauteil zu drapieren.

Die Auswahl eines geeigneten Greifprinzips ist von besonderer Bedeutung, da die Funktion des Greifens grundlegend für einen funktionierenden Prozess ist und sowohl beim Absortieren als auch beim Einlegen in das Formwerkzeug benötigt wird. Im Untersuchungsfall wurde das Niederdruckflächensaugen als optimales Wirkprinzip für die vorliegende Anwendung ermittelt. Das textile Halbzeug konnte sicher gegriffen werden, da ein geringer Differenzdruck bei einem gleichzeitig sehr großen Volumenstrom herrscht [ESS09].

Das Legewerkzeug beinhaltet zusätzlich zur Funktion "Greifen" auch die Funktionen "Verformen und Andrücken" sowie "Fixieren". Nach Analyse geeigneter Wirkprinzipien wurde ein flexibles Schaumstoffelement in Verbindung mit einem modular aufgebauten, flexibel gestalteten Rahmen, der das CF-Textil verformt und auf die Form drückt, ausgewählt. Mit Hilfe von Konduktion, die durch einen Widerstandsheizdraht, der sich flexibel an die Oberfläche anpassen lässt, erzeugt wird, wurde die Textillage schließlich nach erfolgter Positionierung unter Anpressdruck fixiert [ESS09].

Premium AEROTEC GmbH hat ein System für die automatisierte Handhabung von trockenen CF-Gelegen entwickelt [Apm09]. Mit Hilfe eines im Roboter integrierten Endeffektors werden die textilen Verstärkungslagen aufgenommen und auf dem Formwerkzeug positioniert. Der Endeffektor besteht aus 10 geometrisch oval angeordneten luftmanipulierten Saugern, die eine fast kontaktfreie/berührungslose Handhabung ermöglichen. Die Unterseite der Greifer ist mit elastomeren Puffern ausgestattet, somit werden die lateralen Kräfte absorbiert. Das Halbzeug kann mit dem entwickelten System mit einer Geschwindigkeit von bis zu 2 mm/s in die gewählte Richtung bewegt werden, Fehler in Form von Verrutschen oder ungewünschter Deformation, wurden nicht beobachtet. Entsprechend der Endeffektor-Konfiguration kann die Drapiereinheit der Geometrie des Bauteils bzw. der Ablegegeometrie angepasst werden [Apm09].

Ein vollautomatisiertes Handhabungssystem für das Handling von Beschlägen für Flugzeuge wurde im Projekt Auto-RTM [AUT06] entwickelt. Hierbei werden die Zuschnitte mit Hilfe eines maßgeschneiderten Endeffektors mit Sauggreifern vom Cutter abgenommen und in das Formwerkzeug eingelegt. Der Greifer wirkt dabei vollflächig auf die einzelnen Zuschnitte, wodurch trotz der teilweise hohen Luftdurchlässigkeit von Verstärkungstextilien eine Handhabung ermöglicht wird. Allerdings sind mit der entwickelten Greifertechnologie keine hohen Umformgrade der textilen Halbzeuge realisierbar. Da die Greifergeometrie an die Zuschnittgröße und -kontur das gewählten Referenzbauteiles angepasst ist, sind zur Realisierung von Geometrieveränderungen Neukonstruktionen erforderlich [AUT06].

Im Rahmen des Verbundprojektes AutoPreforms [HGF07] wurde ein adaptiver multifunktionaler Endeffektor (AME) entwickelt. Nach der steuerungstechnischen Verbindung von Roboter und AME wurden acht Gefriergreifer am AME montiert. Mit Hilfe des Endeffektors ist es möglich, die Werkstücke flach aufzunehmen und mit hoher Positioniergenauigkeit faltenfrei in ein dreidimensionales Formwerkzeug abzulegen, wobei der AME die Geometrie des Halbzeuges an die Form des dreidimensionalen Formwerkzeuges anpasst [HGF07]. Die Abstände zwischen den Greifelementen sind verstellbar. Somit können die Endeffektorabmessungen an verschiedene Werkstückgrößen angepasst werden. Der AME ist fähig, textile Halbzeuge auf unterschiedlich geformte Werkzeuge abzulegen. Die Geometrien können einfach gekrümmt (konkav, konvex, sowie in Kombination) oder geknickt sein (siehe Bild 2.3) [HGF07]. Im Rahmen der Arbeit wurde eine Oberschale eines Hard-Top-Autoverdeckes, die nur geringe Krümmungen aufweist, gefertigt. Komplexe doppelt gekrümmte Geometrien waren nicht Gegenstand dieser Arbeit.

GRUNDMANN [Gru09] untersuchte in seiner Dissertation ebenfalls Möglichkeiten zur au-

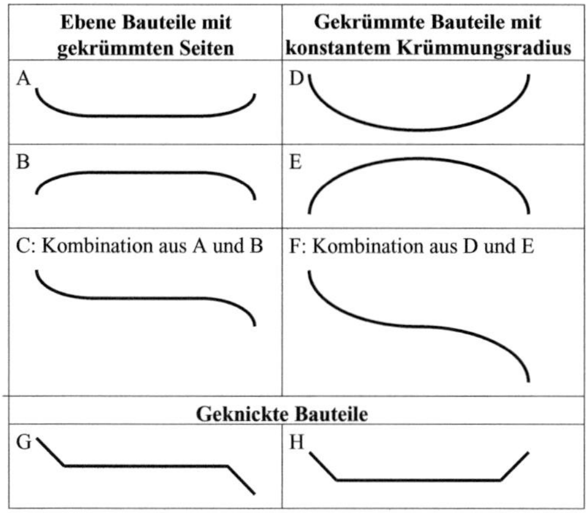

Bild 2.3: Bauteilgeometrien, die durch den adaptiven multifunktionalen Endeffektor (AME) gehandhabt werden können [HGF07]

tomatisierten Drapierung von Verstärkungshalbzeugen. Um das Ziel einer automatisierten Drapierung zu erreichen, ist die Entwicklung materialangepasster Messtechniken zur Kennwertermittlung und geeigneter Simulationstools erforderlich. Des Weiteren besteht die Notwendigkeit, Effektoren und Kinematiken zur reproduzierbaren Drapierung, die eine schädigungsfreie und robuste Verformung der Halbzeuge ermöglichen, zu entwerfen und umzusetzen.

Zusammenfassend lässt sich feststellen, dass die Entwicklung von Handhabungssystemen aufgrund der geringen Biegesteifigkeit der textilen Halbzeuge eine erhebliche Herausforderung darstellt. Zwar existieren verschiedene Ansätze zur automatisierten Handhabung von textilen Preforms, meist handelt es sich dabei aber um höchst bauteilspezifische Lösungen, die wenig Flexibilität bezüglich Bauteilgröße und -geometrie zulassen. Um die notwendigen Verbundbauteildicken und die strukturmechanischen Anforderungen zu erfüllen, werden unterschiedliche Halbzeuge mit stark differierenden Eigenschaften lagenweise aufgebaut und umgeformt. Die Bindertechnologie kann durch eine lokale Fixierung der Struktur das automatisierte Handling erleichtern und zur definierten Einstellung der Drapierbarkeit der textilen Halbzeuge genutzt werden, um dadurch eine reproduzierbare Drapierung zu sichern.

3 Strukturfixierung

3.1 Stand der Technik zur Strukturfixierung

Die Strukturfixierung erfüllt gegenwärtig im Preformherstellungsprozess drei Funktionen.

- **Erleichterung der Handhabung des biegeweichen Halbzeuges**

  Eine Versteifung des Halbzeuges mittels Fixierung vor dem Einlegen in das Formwerkzeug kann zur Verbesserung der Greifsicherheit und zum Schutz vor Verschiebungen der Verstärkungsfäden vorgenommen werden.

- **Erhöhung der Formstabilität**

  Beim Zuschneiden, Transportieren, Einlegen und Drapieren von Verstärkungstextilien oder Preforms in das Konsolidierungs- bzw. Imprägnierungswerkzeug werden Verstärkungsfäden häufig aus dem Flächenverbund gelöst oder verschoben [GKR+09]. Um dieser Qualitätsminderung entgegenzuwirken, können mittels Strukturfixierung Fadenverschiebungen und/oder -ausfransen vermindert und die Konturgenauigkeit der Zuschnitte bzw. die Formstabilität der Preform gesichert werden. Des Weiteren werden durch eine hohe Preformstabilität unerwünschte Verschiebungen der Verstärkungsstruktur während der Harzinjektion vermieden. Dies ist besonders bei Injektionsverfahren, die mit hohem Druck arbeiten, erforderlich, [Gru09].

- **Einstellung der strukturellen Eigenschaften des FKV-Bauteils**

  Mit Hilfe der Strukturfixierung können Faserverstärkungen in Dickenrichtung eines Bauteiles eingebracht werden und somit die mechanischen Eigenschaften des Bauteils in z-Richtung verbessert und die Delaminationsgefahren verringert werden [Mit04, ZRH+09].

Es können drei grundsätzliche Verfahren zur Strukturfixierung unterschieden werden: **Nähtechnik**, **Bindertechnik** und **Lasertechnik**.

3.1.1 Nähtechnik

Neben der Verbindungsfunktion bietet die Nähtechnik die Möglichkeit, Verstärkungsfäden senkrecht zur textilen Ebene lokal und definiert einzubringen, um die Strukturfixierung zu gewährleisten. Hervorzuheben ist die Idee, das Nähen unmittelbar nach dem Auslegen der Verstärkungstextilflächen direkt in der Form auszuführen, um die nach dem Drapieren erzielten Fadenorientierung zu sichern [Röd07].

Beim Fixieren mittels Nähtechnik kann zwischen der Anwendung der **konventionellen** und der **Einseitennähtechnik** unterschieden werden.

Konventionelle Nähverfahren

Das konventionelle Nähen kann manuell oder automatisiert (CNC-Nähverfahren) ausgeführt werden. Das wichtigste Detail beim Nähen ist die entstehende Naht. Es lassen sich diverse Nähte oder Stichtypen realisieren, die in Klassen genormt sind [sti91]. In Faserverbundbauteilen kommen häufig Doppelsteppstich (DSS), Doppelkettenstich (DKS) und Überwendlichkettenstich (ÜWS) zum Einsatz [Röd07]. Auf diese Stichtypen wird im Folgenden kurz eingegangen.

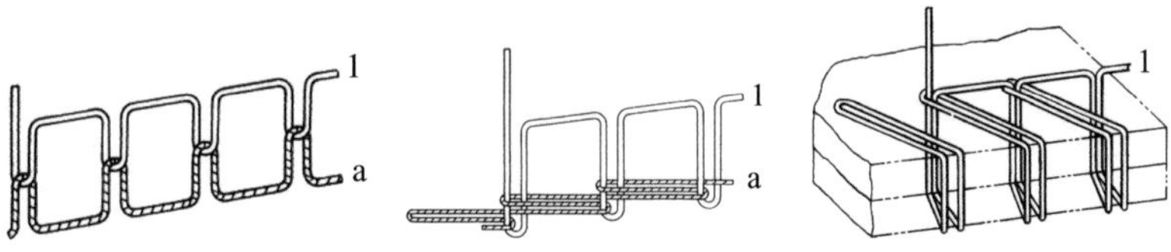

(a) (b) (c)

Bild 3.1: Schematische Darstellung der Nähfadenanordnung: (a) Doppelsteppstich (Typ 301); (b) Doppelkettenstich (Typ 401); (c) Überwendlichkettenstich (Typ 501) [sti91]

- Doppelsteppstich 301 (DSS)

Dieser Stichtyp wird aus einem Unter-(siehe **a** im Bild 3.1(a)) und einem Oberfadensystem (siehe **1** im Bild 3.1(a)) gebildet. Der DSS zeichnet sich besonders durch die hohe Nahtfestigkeit und schwere Auftrennbarkeit aus. Die geringe Dehnung der Naht ermöglicht eine genaue Positionierung und eine Stabilisierung der Geometrie des Halbzeuges. Wenn die Fadenspannung von beiden Fadensystemen gleich groß ist, wird die Verschlingung in der Mitte des Nähgutes, wie im Bild 3.1(a) zu sehen, positioniert. Für Faserkunststoffverbundstrukturen hat es sich allerdings bewährt, auf den modifizierten Doppelsteppstich zurückzugreifen, bei dem der Unterfaden, realisiert durch eine Variation der Fadenspannung, gestreckt auf der Unterseite des Nähgutes liegt (siehe Bild 3.2).

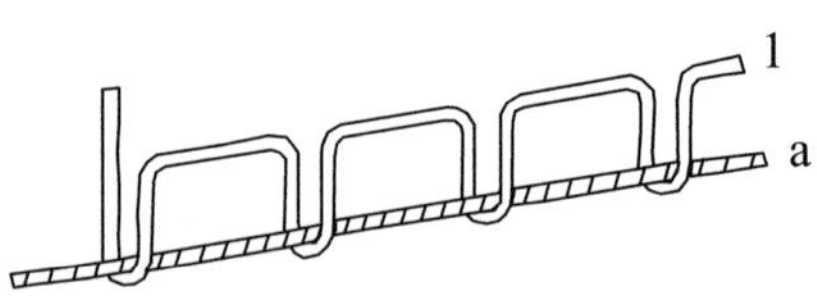

Bild 3.2: Schematische Darstellung der Nähfadenanordnung des modifizierten Doppelsteppstiches

- Doppelkettenstich 401 (DKS)

Eine Verkettung der Nähfäden entsteht beim DKS auf der Nähgutunterseite (siehe Bild 3.1(b)). Durch die erhöhte Fadenreserve ist die Naht dehnbarer als die des DSS, die Nahtfestigkeit ist jedoch geringer. Vorteilhaft bei dieser Stichart ist der große Fadenvorrat, da von der Spule abgearbeitet wird. Nachteilig dagegen ist der große Fadenverbrauch und die erhöhte Fadenanzahl auf der Unterseite. Die Fäden dringen während der Konsolidierung in die Verstärkungsstruktur ein und können im Verbund Störstellen bilden, die wiederum eine Senkung der Verbundfestigkeit bewirken [WPM+00, Zha07].

- Überwendlichkettenstich 501 (ÜWS)

Der ÜWS dient als Schnittkantenbefestigung (siehe Bild 3.1(c)). Das Ausfransen der Randfäden wird vermieden. Nachteil dieses Stichtyps ist, dass sich beim Konsolidieren den mehrfach gestapelten Zuschnittteilen, an den fixierten Kanten matrixreiche Zonen bilden [WPM+00].

Aufgrund der manuellen Nähgutführung bei konventionellen Nähmaschinen werden die Reproduzierbarkeit und die Maßgenauigkeit erschwert. Für eine reproduzierbare Preformfertigung werden daher vorrangig **CNC-Nähmaschinen** eingesetzt. Das CNC-Nähverfahren ermöglicht die Automatisierung des Nähprozesses und somit eine hohe Reproduzierbarkeit beim Einbringen von Nähten zur Fixierung. Die Nähte können multidirektional oder tangential ausgeführt sein. Im Bild 3.3(a) ist die multidirektionale Nahtausführung mittels CNC-Nähautomaten durch einen überlagerten Nähgutversatz in zwei Koordinatenrichtungen dargestellt. Beim tangentialen Nähen werden ein drehbarer Nähkopf oder eine drehbare Nähgutführung eingesetzt. Die tangentiale Nahtausführung ist im Bild 3.3(b) schematisch dargestellt [Röd07].

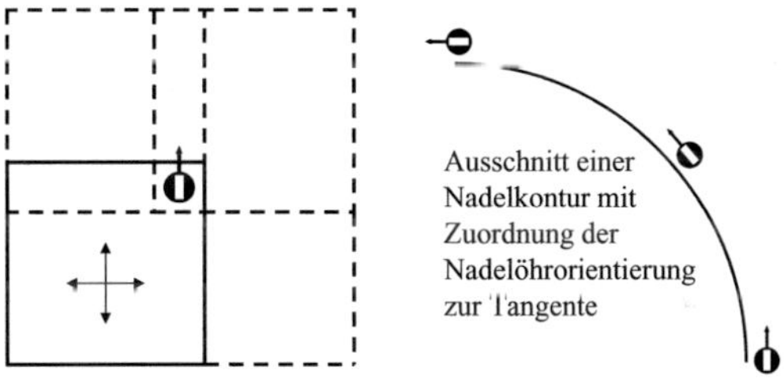

(a) (b)

Bild 3.3: Schematische Darstellung der Nahtausführung: (a) multidirektional; (b) tangential [Röd07]

Einseitennähtechnik

Mittels Preforming werden zunehmend komplexe, räumlich gekrümmte Verstärkungshalbzeuge realisiert, die möglichst endkonturnah zum Bauteil sein sollen. Der Zugang zu Hohlräumen und Hinterschnitten, der bei konventionellen Nähmaschinen von beiden Seiten erfolgen muss, ist oft begrenzt, oder sogar unmöglich. Hinzu kommt, dass gestapelte Verstärkungstextilien oft steif sind und sich dadurch schlecht handhaben lassen. Die Einseiten-Nähtechnik ermöglicht, wie bereits im Namen zu erkennen, das Nähen nur von einer Seite des Nähgutes. Der Nähprozess kann mittels Robotertechnik automatisiert werden. Repräsentative Beispiele der Einseiten-Nähtechnik sind [Röd07]:

- **OSS® Einseiten-Nähtechnik** von ALTIN Nähtechnik GmbH Altenburg,

- zwei Nadeln arbeiten miteinander,
- Nadel mit Öhr - 48° zum Nähgut,
- Hakennadel als Greifer - 90° zum Nähgut;

- **Zweinadel-Nähverfahren** des ITAs der RWTH Aachen,
  - zwei Nadeln stehen schräg zueinander und sind auch Greifer füreinander,
  - eine konstante Stichlänge ist möglich;
- **Blindstich-Nähtechnik** von KSL Keilmann Sondermaschinenbau Lorsch GmbH,
  - eine um 180° gekrümmte Nadel,
  - Stich- und Nahtrichtung stimmen überein.

Mehrere Forschungsprojekte beschäftigen sich mit der Entwicklung neuer Verfahren zur Herstellung komplexer Strukturen, wobei das **konventionelle** sowie das **einseitige Nähverfahren** Gegenstand der Forschung sind.

Im Rahmen des Projektes DFG FOR 278 wurde ein multidirektionales Nähen eingesetzt [RHK04]. Mit dem CNC-x-y-Nähautomat KL 102 (KSL GmbH) wurden Rotorschaufeln vorgefertigt und auf die kreisförmige Grundfläche des Rotors montiert. Des Weiteren wurde eine CNC-x-y-Schrägnähmaschine PSN 3020 (Cetex Chemnitzer Textilmaschinenentwicklung GmbH) eingesetzt. Diese arbeitet nach dem Prinzip des multidirektionalen Nähens. Die schräg einzubringenden Verstärkungsfäden verhindern ein interlaminares Versagen und dienen der festen Verbindung an schwer zugänglichen Ecken. Der CNC-x-φ-Rundnähautomat PRN 500, entwickelt im Projekt DFG FOR 278, diente der reproduzierbaren z-Verstärkung der scheibenförmigen Rotorgrundplatte. Die Montage der hyperbolisch geformten Rotordeckplatte erfolgte mit Einseitennähtechnik der ALTIN Nähtechnik GmbH, Altenburg [RHK04].

Die Untersuchungen von MITSCHANG und MOLNAR [MM06, MOL$^+$07, MM07] befassten sich mit der Drapierbarkeitsbeeinflussung beim Thermoformen durch Nähen. Die kontinuierlich faserverstärkten Thermoplaste in der Form von Organoblechen wurden im Pressvorgang zu einem Bauteil mit dreidimensionaler Geometrie umgeformt. Während des Umformens kommt es zu Verzerrungen der Fadenorientierungen und je nach verwendeter Flächengebildestruktur führen die veränderten Fadenorientierungen zur Reduzierung der strukturmechanischen Eigenschaften des Bauteils. Um das Drapierverhalten gezielt zu beeinflussen, wurden Nähte und verschiedene Nähmuster eingebracht (siehe Bild 3.4).

Ein CNC-Näh-Schneide-Automat in multidirektionaler Arbeitsweise wurde vom Institut für Verbundwerkstoffe GmbH Kaiserslautern (IVW) genutzt [Mit04]. Parallel zur Schnittkante wurde in einem bestimmten Abstand eine Doppelnaht mit Doppelsteppstich aufgebracht, um eine endkonturgenaue Struktur zu gewährleisten. Die Schnittkontur verläuft zwischen diesen beiden Nähten. Eine zusätzliche Nahtfixierung verhinderte das Ausfallen von Faserbündeln aus dem Halbzeug. Als Beispiel wurde eine Versteifungsstruktur "Steifigkeitsoptimierte Linearachse" mittels dieser Technik gefertigt. Weitere realisierte Beispiele sind Bauteile, wie Welle-Nabe-Kombinationen aus FKV für Windenergieanlagen und "Y-Knoten" als Verbindungs- und Knotenelemente.

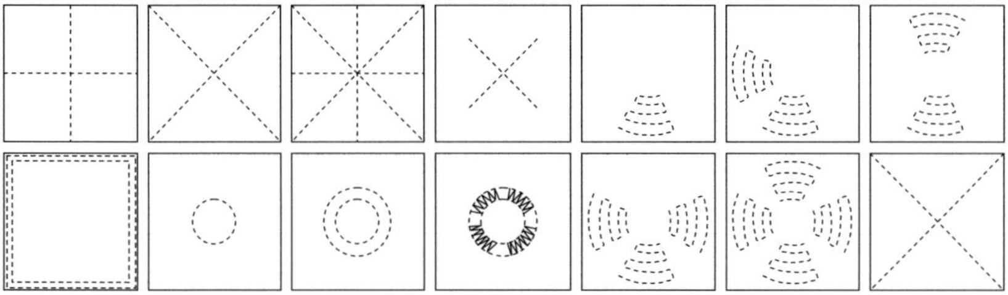

Bild 3.4: Schema der untersuchten Nähmuster [MM07]

Allerdings zeigt sich eine Schädigung der Verstärkungsstruktur durch den zusätzlichen Nähprozess, deren Auswirkung noch genauer zu untersuchen ist.

3.1.2 Bindertechnik

Die Bindertechnik greift auf definiert formulierte Harz-Härter-Systeme zurück. Die Bindermaterialien kommen in verschiedenen Auftragszuständen, z. B. als Schmelze, als Dispersion/Lösung oder als Pulver zum Einsatz. Aus der großen Palette der Binder lassen sich Binder auswählen, die entweder gut in die Verstärkungsfäden eindringen oder nur auf der Oberfläche der Vesrtärkungsstruktur haften. Das Bindermaterial wird dazu auf die textilen Halbzeuge aufgebracht, aktiviert und verbindet sich mit der textilen Struktur. Eine Einteilung der Binder (werden auch als Klebstoffe bezeichnet) nach dem Abbindemechanismus ist im Bild 3.5 gegeben [Hab09].

Grundvoraussetzung für die Adhäsion ist die Benetzung des zu verklebenden Textils mit dem Binder. Diese erfolgt umso besser, je kleiner die Oberflächenspannung des Binders im flüssigen Zustand im Vergleich zur Oberflächenspannung des textilen Halbzeuges ist. In der Regel werden die Binder auf dem textilen Halbzeug in geringen Mengen aufgetragen.

Die Binder in der Preformtechnologie haben folgende Anforderungen zu erfüllen:

- die Drapierfähigkeit der textilen Fläche nur minimal einzuschränken,
- die Imprägnierbarkeit der Preform nicht negativ zu beeinflussen,
- die mechanischen Eigenschaften des Faserkunststoffverbundes nicht zu beeinträchtigen.

Wesentlich ist außerdem die Auswahl eines geeigneten Applikationsverfahrens. Folgende Applikationsverfahren können unterschieden werden: Dispersionstechnik, Sprühen/Streuen, Drucken oder elektrostatische Auftragsverfahren. Die Berücksichtigung der Automatisierbarkeit ist dabei entscheidend.

Bisher wurden nahezu ausschließlich vollflächig bebinderte textile Halbzeuge (Binderauftrag in Form von Vliesstoffen bzw. als Pulverschicht) für das Preforming eingesetzt. Diese Art der Strukturfixierung verhindert eine lokale Einstellbarkeit des Drapierverhaltens, die zur Herstellung komplex gekrümmter Bauteile notwendig ist. Infolge eines hohen Binderanteiles wird die Harzinfusion bzw. Harzinjektion während der Bauteilherstellung

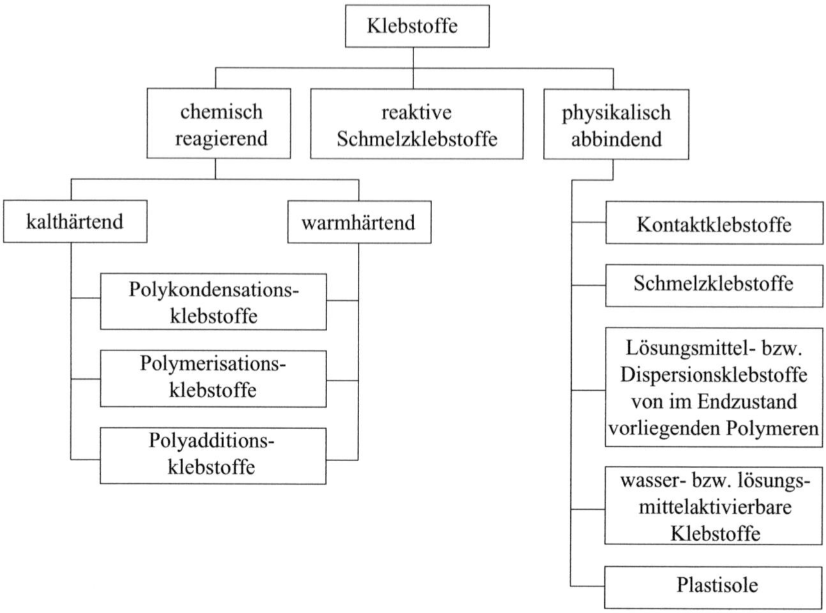

Bild 3.5: Einteilung der Klebstoffe nach dem Abbindemechanismus [Hab09]

aufgrund einer verminderten Permeabilität eingeschränkt. Des Weiteren können die mechanischen Kennwerte im Verbund durch ungenügende chemische Kompatibilität zwischen textilem Halbzeug, Binder- und Matrixsystem reduziert werden [Mäd07]. Umfangreiche Untersuchungen [ESS09, Her04, HGF07] zur Verbesserung des Preformings mittels Binder und zu geeigneten Materialkombinationen (GF- oder CF-Verstärkungsfäden, duroplastische/thermoplastische Matrixsysteme, Binder auf unterschiedlicher Polymerbasis und Konsistenz) haben, z. B. für die Verarbeitung von CF-Verstärkungsstrukturen auf dem Gebiet der Luft- und Raumfahrt, zu zertifizierten Materialkombinationen und vollflächiger Strukturfixierung geführt.

Im IGF Forschungsvorhaben AutoPreforms [HGF07] wurde die vollflächige Binderbeschichtung untersucht, um den Handhabungsprozess zu verbessern und die Preformstabilität zu gewährleisten. Es wurden veschiedene Dispersions- und Schmelzklebstoffe eingesetzt. Die Binderbeschichtung erfolgte teilweise in einer Pulverkammer und teilweise in einer einfachen Sprühkammer. Die Auftrags- und Erwärmungstechnik wurde dabei auf den jeweiligen Bindertyp abgestimmt. Der Binderanteil lag zwischen 12 g/m^2 und 40 g/m^2 bei dem eingesetzten Multiaxialgelege mit dem Flächengewicht 840 g/m^2.

Die erzielten Ergebnisse lieferten die Aussage, dass die niederviskosen Binder intensiv in die Verstärkungsfäden eindringen und durch Aushärten eine höhere Tragwirkung der Verklebung aufbauen. Größere Mengen des Binders gehen dabei mit einem höheren Schälwiderstand einher. Die pulverförmigen Binder erreichen eine begrenzte Adhäsion zur Oberfläche der Fäden. Die flüssigen Binder dringen leichter in die Vertärkungsstruktur und in die einzelnen Verstärkungsfäden ein und begrenzen den Fadenverlust bei nachfolgenden Handlings- und Formgebungsprozessen deutlich.

Die etablierte Technik mit festem kristallinem Harz in Form eines trockenen Pulvers hat sich trotz begrenzten Adhäsion zum Oberfläche der Fäden auf Grund einer geringen negativen Beeinflussung der strukturmechanischen Verbundeigenschaften als besonders geeignet herausgestellt.

Im Rahmen des am Institut für Textilmaschinen und Textile Hochleistungswerkstofftechnik (ITM) durchgeführten IGF-Forschungsvorhabens 175 ZBR1 wurde die vollständige Strukturfixierung thermoplastischer endlosfaserverstärkter Gitterstrukturen untersucht, um dadurch eine effektive Weiterverarbeitung zu einem endlosfaserverstärkten, spritzgegossenen Thermoplastwerkstoff mit biaxialer Orientierung zu ermöglichen [HCE+08, HFC+07, HKF+07]. Das Einbringen der thermoplastischen Komponente zur Hybridisierung der eingesetzten Gewirkestrukturen aus Glas- bzw. Karbon-Fäden erfolgte durch die Einarbeitung zusätzlicher maschenbildender oder als Schuss eingetragener Fäden, die Verwendung von Hybridfäden [HKF+07, CKD09], den Einsatz zusätzlicher Folien und Spinnvliesstoffe bzw. die Anwendung von Pulvern. Die thermoplastische Komponente war dabei in allen Fällen Polypropylen (PP). Für die durch Aufschmelzen der thermoplastischen Komponente realisierte Vorkonsolidierung kamen neben maschinenintegrierten Infrarotstrahlungseinheiten auch Pressen und Flachbettkaschieranlagen zur Kontakterwärmung und Spannrahmen zur konvektiven Wärmeübertragung zum Einsatz. Die ganzflächige Online-Vorkonsolidierung mittels Infrarotstrahlung unmittelbar im Anschluss an die Flächenbildung und unter Verwendung von Hybridgarnen erwies sich dabei als besonders geeignet. Auch die weiteren untersuchten Varianten zur Einbringung der thermoplastischen Komponente mittels Folien, Vliesstoffen und Schmelzklebepulver stellen je nach Anwendung eine geeignete Lösung zur Fixierung der Struktur im ebenen Zustand dar. Die Strukturfixierung erfolgte im Rahmen dieses Projekts in jedem Fall gleichmäßig über der Breite und Länge des Flächengebildes. Auf die Sicherung der beanspruchungsgerechten Fadenlage im verformten Bauteil wurde in den am ITM durchgeführten Untersuchungen nicht eingegangen, da zur Herstellung des gewählten Demonstratorbauteils keine erhebliche Verformung der Verstärkungsstruktur erforderlich war. Die Grundsatzuntersuchungen beschränkten sich auf sehr einfache, großflächige Geometrien. Außerdem lag der Faservolumengehalt der gitterartigen Strukturen am Gesamtverbund nur bei ca. 5 %. Das vorrangige Ziel bestand in der definierten Platzierung des vollständig vorfixierten Verstärkungsgitters im Spritzgieß-Bauteil. Die Vorfixierung verhinderte eine Verschiebung der Fadenlagen der Verstärkungsstruktur durch die mit hohem Druck einströmende Thermoplastmatrix. Die ermittelten Ergebnisse bilden damit eine wichtige Basis für die Verbesserung des Spritzgießverfahrens [CKD09].

3.1.3 Lasertechnik

Allgemein ist es üblich, die Lasertechnik beim Fügen zur Fügeteilvorbehandlung [JB06] oder zur Klebstoffaushärtung [KE04] einzusetzen. Außerdem wird die Lasertechnik zum Trennen, u. a. von Hochleistungsfaserstoffen wie CF und GF, Fasergemischen und Textilverbunden mit diesen Faserstoffen eingesetzt [Bäc88, Röd07, KRJ07].

Im Rahmen des am Institut für Textilmaschinen und Textile Hochleistungswerkstofftechnik in Zusammenarbeit mit dem Fraunhofer Institut für Werkstoff- und Strahltechnik bearbeiteten IGF-Forschungsvorhabens [GKB+10] wurde die Strukturfixierung von GF/PP-Hybridgarngewebe mittels Nd:YAG- und CO_2-Laser untersucht. Durch den Wärmeeintrag mittels Laserstrahl schmilzt die PP-Komponente im Hybridgarn. Nach Abkühlung entsteht ein Fixiereffekt. Das Absorptionsverhalten beim Nd:YAG- und CO_2-Laser wurde in Vorversuchen durch spektroskopische Untersuchungen bestimmt. Die Untersuchungen haben gezeigt, dass bei der Wellenlänge des Nd:YAG-Lasers im Falle des GF/PP-Hybridgarngewebes nur eine geringe Absorption vorliegt. Bei der CO_2-Laserwellenlänge ist die Absorption höher. Überwiegend absorbiert jedoch die Glasfaser die Laserstrahlung. Durch eine geeignete Parameterwahl ist es dennoch mit beiden Lasern möglich, die gewünschte Fixierung zu realisieren [GKB+10].

Die beschriebenen Methoden führen zu der Erkenntnis, dass die gegenwärtig eingesetzten Lösungen zur Strukturfixierung und nachhaltigen Verbesserung der Preformtechnologie nicht ausreichend effizient sind und noch teilweise erhebliche Nachteile, insbesondere bei der Herstellung komplexer und stark gekrümmter FKV-Bauteile, aufweisen. Die vollflächige Strukturfixierung ist Stand der Technik. Bei der Fertigung komplex gekrümmter Preforms für Verbundbauteile ist eine lokal einstellbare Drapierbarkeit erforderlich, die bisher forschungsseitig nicht gelöst ist und damit in der industriellen Praxis keine Anwendung findet. Um die strukturmechanischen Verbundeigenschaften durch den Bindereinsatz nicht negativ zu beeinflussen, ist eine computerunterstützte Auslegung zur optimierten, reproduzierbaren Binderpositionierung erforderlich.

3.2 Lösungsweg

Im Rahmen der Arbeit wird ein neues Verfahren, das einen wesentlichen Beitrag zur Verbesserung des Preformingprozesses leisten kann, dargestellt und getestet. Das entwickelte und patentierte Verfahren zur Strukturfixierung, das unter Berücksichtigung der 3D-Bauteilgeometrie die maßgeschneiderten **lokalen Fixierungen** realisiert [KRJ07], löst erhebliche Zuschnitt-, Handhabungs- und Formgebungsprobleme in der Preformfertigungskette. Folgende Merkmale charakterisieren das softwaregestützte Verfahren:

- Ausrichtung der Strukturfixierung auf die berechneten Zuschnittsgeometrien,
- Identifizierung der Scherverformungen beim räumlichen Anordnen der Zuschnitte in die Preformgeometrie,
- Fixierung der Bereiche, die nur geringe Verzerrungen/Verschiebungen durch die Verformung erfahren,
- Anwendung der Fixierungsmittel in Raster- oder auch unregelmäßiger Anordnung (die Art der Fixierung richtet sich nach den jeweiligen Flächengebildestrukturen und den zu verarbeitenden Faserstoffen),
- Minimierung der Menge des Fixierungsmittels unter Berücksichtigung der meist porösen Struktur des textilen Halbzeuges,

- kontinuierliche oder auch diskontinuierliche Ausführung der Strukturfixierung in der Preformfertigungskette,
- konturgerechtes Stapeln von fixierten Zuschnitten unter Berücksichtigung der Schnittbildinformationen,
- Beachtung der Matrixverträglichkeit des Fixierungsmittels.

In der Arbeit werden die Möglichkeiten der **lokalen Strukturfixierung** genau beschrieben und analysiert.

4 Charakterisierung der Testmaterialien

Um die nach unterschiedlichen Verfahren produzierten textilen Halbzeuge zu räumlich gekrümmten, komplexen Bauteilen reproduzierbar weiter verarbeiten zu können, ist eine Untersuchung des Deformationsverhaltens unumgänglich. Im folgenden Kapitel werden zunächst die Kenngrößen, die das Deformationsverhalten von klassischen Textilien beeinflussen, erläutert. Da sich die aus Hochleistungsfasern hergestellten Halbzeuge deutlich von klassischen Textilien unterscheiden, sind zusätzliche Kenngrößen zur Charakterisierung notwendig.

Im Rahmen der Arbeit wird die Entwicklung und Herstellung komplex gekrümmter Preforms untersucht. Dafür werden die benötigten Referenzgeometrien definiert.

Des Weiteren wird ein umfassendes experimentelles Testprogramm zur Untersuchung des Einflusses der lokalen Strukturfixierung mittels verschiedener Binder durchgeführt (Überblick des Testprogramms im Bild 4.1).

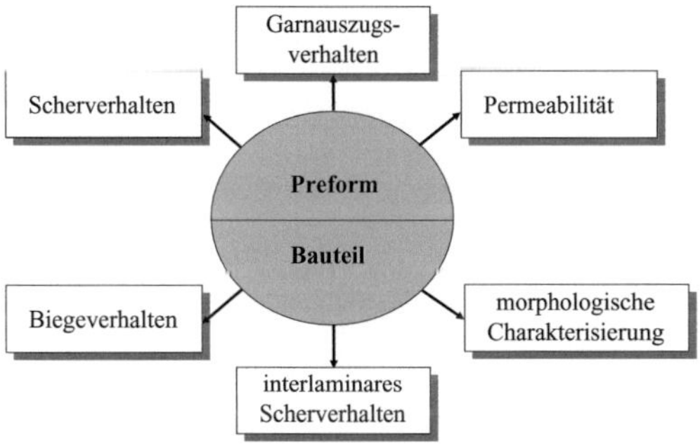

Bild 4.1: Überblick des experimentellen Testprogramms

Zur Untersuchung von geeigneten Preformbindern werden zunächst Anforderungen an die Binder als Fixierungsmittel formuliert und experimentelle Untersuchungen hinsichtlich der Eignung durchgeführt. Ziel ist es, eine ausreichende lokale Steifigkeit zu erreichen, ohne die Drapierung der textilen Fläche maßgeblich einzuschränken. Dazu wird der **kritische Scherwinkel** der bebinderten Proben ermittelt und mit dem der unbebinderten Referenzproben verglichen. Die Haftung zwischen Binder und den ausgewählten Verstärkungshalbzeugen wird anhand des Garnauszugs-Versuches (**Pull out-Versuch**) bestimmt.

Zur Beurteilung der Kompatibilität der Binder zu thermoplastischen und duroplastischen Matrixsystemen werden zunächst Prüfplatten mit und ohne

Binder hergestellt und vergleichend getestet. Die Beeinflussung der mechanischen Kennwerte der Prüfplatte durch die Binder wird mit dem **4-Punkt-** und dem **3-Punkt-Biegeversuch** in zwei Geometrievarianten ermittelt. Die maximale Festigkeiten nach Biege- (**Biegefestigkeit**) und Schubdeformationen (**interlaminare Scherfestigkeit**) werden ermittelt.

Schließlich wird der Einfluss des Binders auf die **Permeabilität** mit Hilfe einer 2D-Messzelle untersucht.

4.1 Deformationsverhalten von Textilien

4.1.1 Allgemeine Betrachtungen

Für Anwendungen von textilen Halbzeugen aus Hochleistungsfaserstoffen in FKV ist es von entscheidender Bedeutung, die Verstärkung komplexer, teilweise stark gekrümmter Geometrien ohne Faltenbildung zu realisieren. Um diese Aufgabe künftig ohne zahlreiche Iterationen zu ermöglichen, besteht ein vorrangiges Ziel darin, die Verformung zu simulieren. Dazu werden Kennwerte benötigt, die das Deformationsverhalten beschreiben.

Bei der mechanischen Betrachtung der Deformation von textilen Flächengebilden sind die **Zug-, Biege-, Scherkenngrößen** und **Verdrillsteifigkeiten** [Fis97, Sch96, Krz05] zu berücksichtigen. Ein Messverfahren zur Bestimmung der Verdrillsteifigkeit von Flächengebilden wurde für klassische textile Strukturen entwickelt und getestet, kommt aber für Verstärkungshalbzeuge bisher nicht zum Einsatz [KSH$^+$10].

Zugkenngrößen

Das Deformationsverhalten der textilen Flächen gegenüber Zugbeanspruchung ergibt sich aus den mechanischen Eigenschaften der verarbeiteten Fasern, der Garne und aus dem konstruktiven Aufbau [Krz05]. Die Längenänderung, bezogen auf die Ausgangslänge der Probe, wird als Dehnung bezeichnet [Reu00].

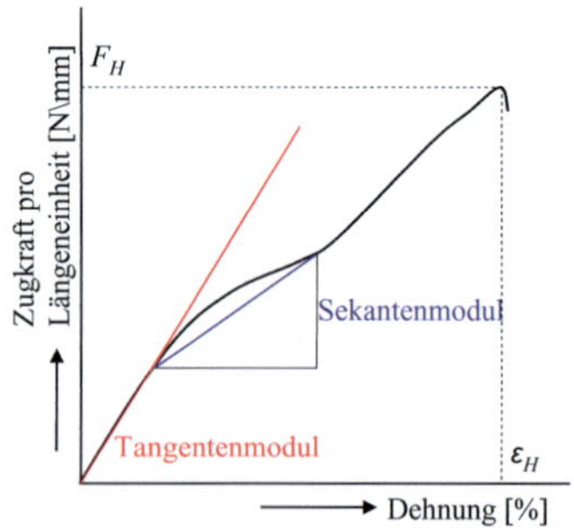

Bild 4.2: Zugkraft-Dehnungs-Kurve, Tangentenmodul (Anfangsmodul), Sekantenmodul [Krz05]

Für die Ermittlung der Zugkenngrößen der textilen Flächen wird der Streifenzugversuch nach DIN EN ISO 13934-1 durchgeführt. Die Probengröße und Belastung können variabel gewählt werden, die Zugbeanspruchung erfolgt in der Regel bis zum Bruch der Probe. Die Höchstzugkraft F_H [N] und die Höchstzugkraftdehnung ε_H [%] werden als charakteristische Messgrößen anhand der Materialkennlinie bestimmt (Bild 4.2). Die Querschnittsfläche des anisotropen Materials ist nicht homogen. Somit ist die Ermittlung eines absoluten Elastizitätsmoduls nicht möglich. Ersatzweise werden Tangenten- und Sekantenmodule aus der Zugkraft (bezogen auf die Feinheit des Ausgangsquerschnittes) und des zugeordneten Dehnungs-Verhaltens bestimmt [Bob93].

Die Prüfung des Kraft-Dehnungsverhaltens unter Anwendung des Streifenzugversuches wird vorzugsweise in zwei Richtungen, die in der Regel der Richtung der Verstärkungsfäden entsprechen, durchgeführt. Um die Auswirkungen der Querkontraktion zu minimieren, kann die Prüfung auch mittels Biaxial-Zugprüfmaschinen (Hersteller u. a. Zwick GmbH & Co. KG [zwi10], Fa. Kato Iron Works Co. Ltd [KNK73]) ausgeführt werden. Die Messprobe wird an allen vier Seiten mit mehreren Klemmen gehalten. Die Klemmen senkrecht zur Belastungsrichtung werden mitgenommen oder bewegen sich rechnergesteuert proportional zur momentanen Längenänderung. Die Zugkraft wird in beiden Richtungen gemessen. Der biaxiale Zugversuch bietet die Möglichkeit, annähernd belastungsgerecht zu prüfen [RWM53]. Für die Verformungssimulation können damit zusätzlich zu den Längsdehnsteifigkeiten die Querdehnsteifigkeiten erfasst werden. Die Bestimmung des Materialverhaltens unter biaxialer Belastung ist sehr diffizil, da Einspannung und Probenform des Materials die Prüfergebnisse beeinflussen können. Derzeit existieren keine Normen aber zahlreiche Prüfempfehlungen zu biaxialen Zugversuchen. Zur Vermeidung der Querverformung sowie des Einflusses durch die Einspannung des Materials werden in der Literatur verschiedene Varianten der Probenform und der Krafteinleitung diskutiert [Bal07, Bög04, Min06, BSH03].

Biegekenngrößen

Die Biegesteifigkeit B ist ein Maß für den Widerstand, den das textile Flächengebilde dem Biegemoment bei einer bestimmten Krümmungsänderung entgegensetzt [Fis97]. Die Biegesteifigkeit der textilen Flächen ist vom verwendeten Faserstoff und der Garnkonstruktion abhängig. Sowohl die Steifigkeit der Fasern im Faden als auch der konstruktive Aufbau des Flächengebildes beeinflussen diesen Kennwert maßgeblich.

Die Biegesteifigkeit eines Flächengebildes wird in der Praxis am häufigsten mittels Freiträgerverfahren, auch als Cantilever -Verfahren bezeichnet, ermittelt [Reu00] (Bild 4.3). Die Prüfung erfolgt nach DIN 53 362. Die Biegesteifigkeit ist eine Funktion der Überhanglänge. Für die Biegesteifigkeit gilt:

$$B = F_L \left(\frac{l_u}{2}\right)^3 \tag{4.1}$$

mit

$$F_L = g\frac{m}{l} \tag{4.2}$$

Dabei sind B - Biegesteifigkeit in $mN \times cm^2$, F_L - längenbezogene Gewichtskraft in mN/cm, l_u - freie Probenlänge = Überhanglänge in cm, m - Masse der Probe in g, g - Erdbeschleunigung in m/s^2, l - Länge der Probe in cm.

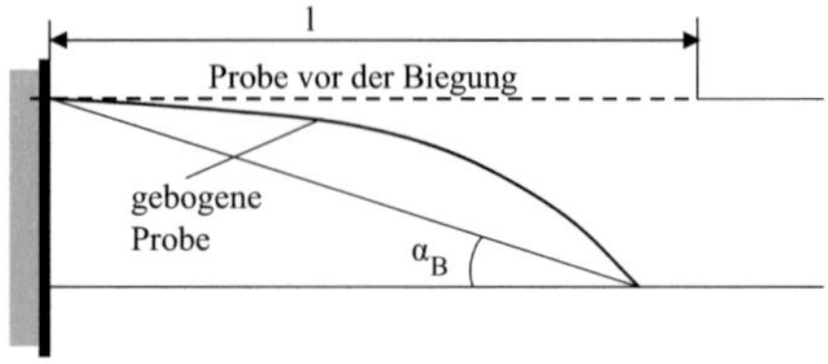

Bild 4.3: Biegegeometrie beim Freiträgerverfahren nach [Reu00, Krz05], $\alpha_B = 41{,}3°$

Umfangreiche Untersuchungen am ITM [Sei07] haben gezeigt, dass die momentan verwendeten Geräte zur Prüfung der Biegung nach dem Cantilever-Verfahren aufgrund der manuellen Bedienung und der damit verbundenen subjektiven Einflüsse keine reproduzierbaren Ergebnisse liefern. Die visuell zu bestimmende Überhanglänge geht in kubischer Potenz in die Berechnung der Biegesteifigkeit ein. Somit führen schon kleine Ungenauigkeiten beim Ablesen und die grobe Skaleneinteilung zu Fehlern bei der Berechnung der Biegesteifigkeit. Im Rahmen der Dissertation von SEIF [Sei07] wurde am ITM ein neues Biegesteifigkeitsmesssystem (ACPM 200) entwickelt. Durch einen hohen Automatisierungsgrad der Prüfdurchführung und -auswertung werden die beschriebenen Nachteile des bisherigen Gerätes kompensiert. Des Weiteren lässt sich der Einfluss lokaler Steifigkeitsunterschiede über die Probenbreite auf das Biegeverhalten quantifizieren. Das entwickelte Gerät kann für die Biegesteifigkeitsprüfung der Flächengebilde aus Hochleistungsfasern eingesetzt werden.

Andere Verfahren zur Biegesteifigkeitsquantifizierung sind ausführlich in [Reu00] beschrieben.

Scherkenngrößen

Unter der Scherung versteht man eine Änderung des Winkels der sich kreuzenden Fadensysteme infolge der Schubbelastung. Die Bindungspunkte bilden einen Drehpunkt, wobei der Abstand der Bindungspunkte konstant ist. Im Bild 4.4 werden vier Bindungspunkte betrachtet. Die ursprünglich rechteckige Anordnung dieser Punkte wird unter Schubbelastung zu einer Raute verzerrt. Der sich ergebende Winkel φ im Bild 4.4 wird dabei als Scherwinkel bezeichnet. Wenn es infolge der Verformung zur maximalen Fadenverdichtung kommt, erreicht der Scherwinkel seinen kritischen Wert φ_{kr}. Eine weitere Fadenkomprimierung kann nicht in der Ebene erfolgen. Es resultiert zwangsläufig eine Faltenbildung in den Flächengebilden.

Die Scherung von textilen Flächengebilden lässt sich in zwei wesentliche Scherarten unterteilen, die unreine und die reine Scherung [Ora06]. Im Bild 4.5 sind die Unterschiede in den Scherprinzipien dargestellt.

Bei der unreinen Scherung treten bei Scherbelastung neben der Winkeländerung zwischen den Fäden durch die Fadenverdrehung an den Kreuzungspunkten zusätzlich noch Zugverformungen auf. Um ein frühzeitiges Ausbeulen des Materials zu verhindern, wird die

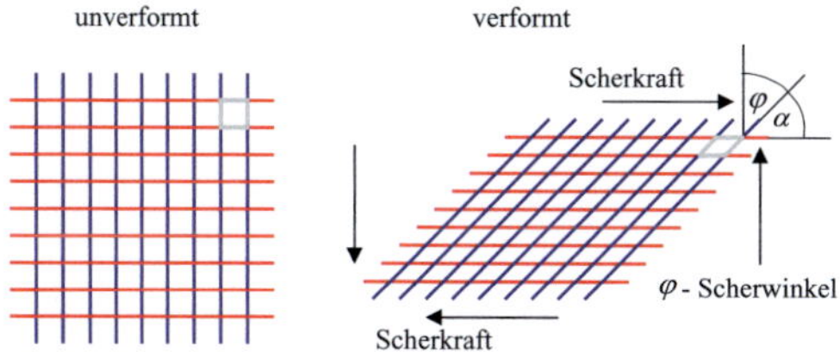

Bild 4.4: Kritischer Scherwinkel nach [Hör94, Kör03, Krz05]

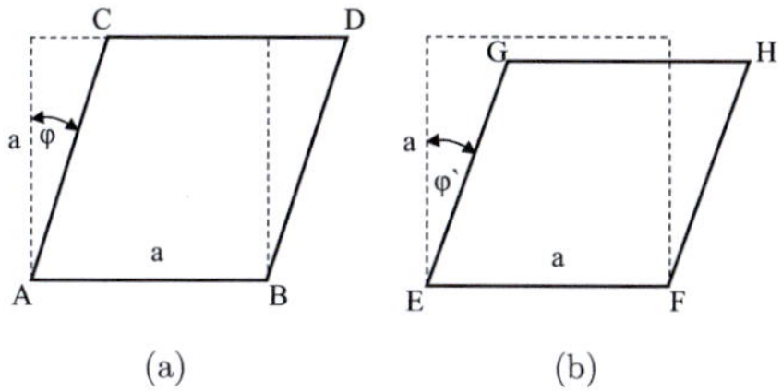

Bild 4.5: Schematische Darstellung der Scherprinzipien [Ora06]: (a) unreine Scherung; (b) reine Scherung

Scherdeformation durch Wirkung einer Zugkraft über dem gesamten Belastungszyklus überlagert. Der Abstand zwischen den beiden Klemmlinien bleibt während des gesamten Schervorgangs konstant, was zu einer Längenänderung der ungeklemmten Probenkanten führt.

Bei der reinen Scherung erfolgt lediglich eine Änderung des Winkels zwischen den Fäden. Es tritt keine Fadendehnung auf. Der Abstand zwischen den beiden Klemmlinien bleibt konstant, so dass sich die Probenkantenlangen nicht verändern. Dieses Prüfprinzip wird u. a. im Scherrahmenversuch umgesetzt.

Zur Charakterisierung des Scherverhaltens von Flächengebilden sind zahlreiche Prüfmethoden entwickelt worden. Die wichtigsten Prüfverfahren und derzeit eingesetzte Prüfmethoden werden in diesem Abschnitt vorgestellt.

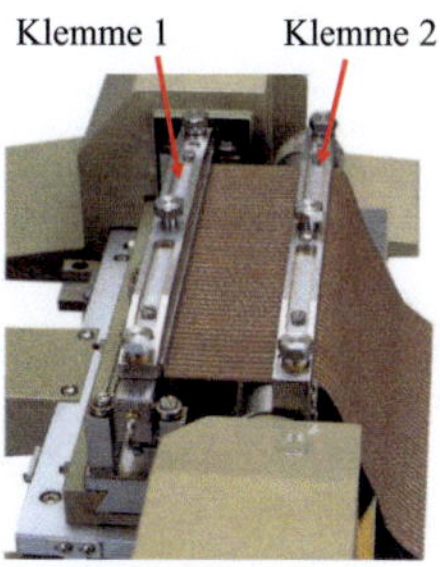

Bild 4.6: Scherprüfung nach KAWABATA [kes10]

Ein bekanntes Verfahren ist das von KAWABATA (Fa. Kato Iron Works Co. Ltd) [KNK73, Reu00]. Die Probe wird monoaxial in einem Klemmenpaar fixiert (siehe Bild 4.6). Die Vorspannkraft ist variabel in Abhängigkeit des zu prüfenden textilen Halbzeuges einstellbar. Eine Klemme ist verfahrbar und die andere ist fest. Der Abstand der beiden Klemmlinien ist konstant. Geprüft wird lediglich bei sehr geringen Scherwinkeln im Bereich von ±8° [KNK73].

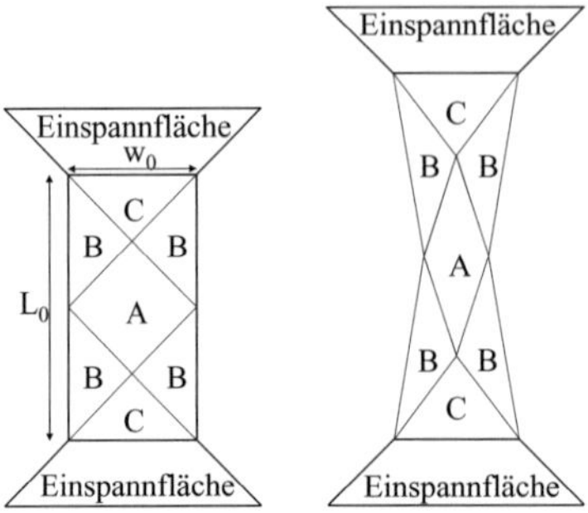

Bild 4.7: Schrägzugversuch [HCL04]

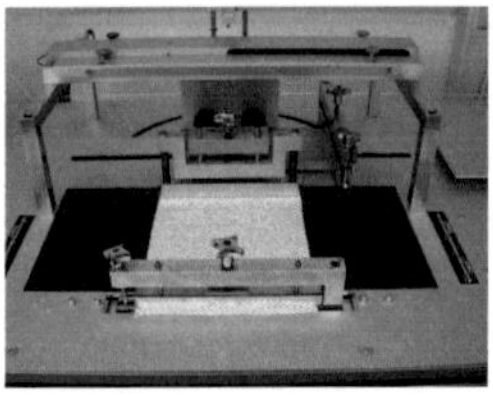

Bild 4.8: Schertestmodul TEXPROOF [nai06]

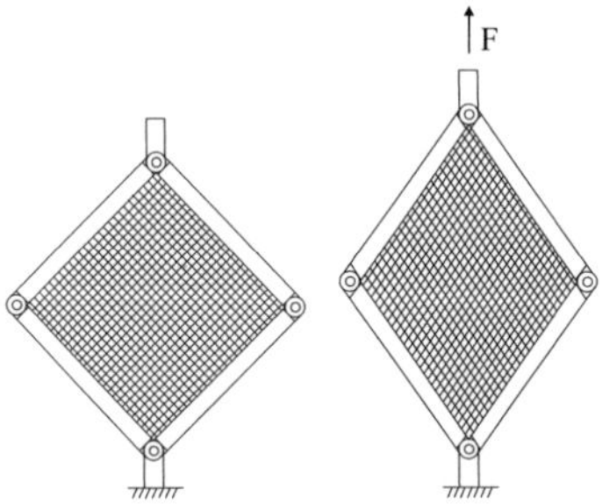

Bild 4.9: Prinzip eines in die Zugprüfmaschine integrierten Scherrahmens [Stu98]

Der Schrägzugversuch, bei welchem eine reine Scherung realisiert wird, kann sowohl an einer monoaxialen als auch an einer biaxialen Zugprüfmaschine durchgeführt werden. Dabei handelt es sich um einen Zugversuch an einer Probe, die 45° zu den Fadenrichtungen zugeschnitten wird [HCL04, LHD+08]. In der Region A (siehe Bild 4.7) wird reine Scherung, in der Region B - die Hälfte des Wertes der in Region A registrierten Scherung gemessen. Die Region C liefert keinen Beitrag zur Scherkraft. Während des Prüfverlaufes erfolgt die Aufzeichnung des Scherkraft-Scherweg-Diagrammes.

Die Firma NAISS[1] bietet das Textilprüfgerät TEXPROOF mit einem Schertestmodul (siehe Bild 4.8) an [nai06]. Die Probe wird zwischen zwei Klemmen fixiert. Dabei ist die eine Klemme fest und die andere Klemme auf einer Kurvenbahn verfahrbar. Diese Bahn realisiert bei der Scherung den "Trellis"-Effekt[2]. Die Lichtschranken registrieren den Scherwinkel bei einer Faltenhöhe von 3 mm, und zwar unabhängig von der Probendicke.

Bei dem Scherrahmenversuch [Ora06, BGH01, CAB+08, HCL04, LHD+08, LV06, MEO57, PCR06, ZYT07, Stu98, LBD03] wird eine reine Scherung realisiert, in dem eine quadratische Probe auf einem Scherrahmen befestigt, an den gegenüberliegenden Ecken in einer monoaxialen Zugprüfmaschine eingespannt und bis zu einem festgelegten Verformungsweg zur Raute verformt wird (siehe Bild 4.9). Dabei wird der Kraftverlauf über dem gesamten Verformungsweg aufgezeichnet. Der Scherwinkel kann aus der Längenänderung der Rautendiagonale berechnet werden [Ora06]. Die Fixierung der Probe auf Nadelleisten, entwickelt von ORAWATANASRIKUL [Ora06], dient der Minimierung des Klemmeinflusses auf das

[1] Derzeit nicht mehr verfügbar.

[2] Der "Trellis"-Effekt setzt ein, wenn die Richtungen angreifender Zugkräfte nicht mit den Hauptrichtungen der Verstärkungsfäden übereinstimmen. Eine Scherung mit Winkeländerung findet statt, bis die Verstärkungsfäden in Kraftrichtung liegen oder bis ein von der Verstärkungsgeometrie abhängiger maximaler Winkel erreicht ist [Erm07].

Scherergebnis.

Die Preformherstellung für komplexe FVK-Bauteile erfolgt derzeit weitestgehend manuell. Die Verstärkungshalbzeuge werden dazu aus der Ebene zur gewünschten Bauteilgeometrie verformt, und zwar weitestgehend spannungsfrei. Künftig muss der Prozess des Preformaufbaus automatisiert werden. Um das Ablegen der Verstärkungsstrukturen zu ermöglichen und reproduzierbar auszuführen, wird dazu mit sogenannten "Nachführsystemen" gearbeitet. Diese bewirken eine Vorspannung im Textil, die sich wiederum auf die Faltenbildung während der Deformation auswirken kann. Um diesen Einfluss zu untersuchen, wurde die nachfolgend dargestellte Prüfeinrichtung entwickelt [LHD+08].

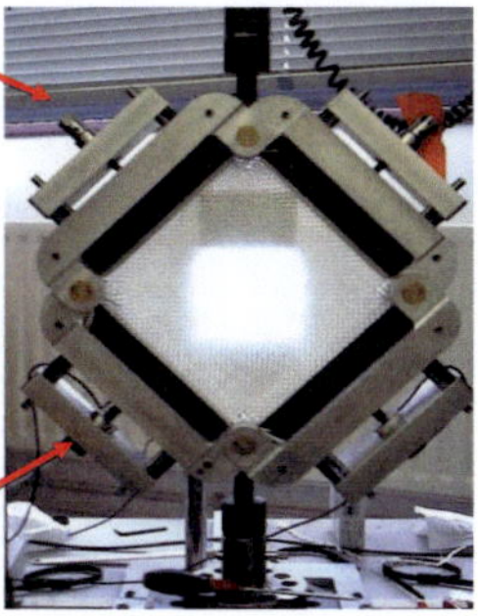

Bild 4.10: Scherrahmen mit Kraftsensoren [LHD+08]

Das von [LHD+08] entwickelte Schermessgerät besteht aus einem Scherrahmen, der zusätzlich mit Kraftsensoren zur Bestimmung der Vorspannung und der Zugkräfte in Kett- und Schussrichtung ausgestattet ist (siehe Bild 4.10). Somit ist es möglich, die während des Testes auftretenden Zugkräfte in Kett- und Schussrichtung zu messen und die Vorspannungen der Scherverformung zuzuordnen [LHD+08].

Bisher liefen vielfältige Forschungsanstrengungen zur Ermittlung geeigneter Scherprüfverfahren und der Anwendung der experimentellen Ergebnisse in Modellierungsansätzen zum Deformationsverhalten parallel, ohne eine Abstimmung der Forschergruppen untereinander, ab. Deshalb wurde 2003 eine internationale Gruppe von akademischen und industriellen Forschern zur Entwicklung und Durchführung eines Benchmarkings etabliert [CAB+08]. Scherrahmen- und Schrägzugversuche für Halbzeuge mit symmetrischen und unsymmetrische Verstärkungsfadenanordnungen wurden durchgeführt und verglichen. Die Tests wurden von sieben internationalen Forschungseinrichtungen ((NU) Northwestern University, USA, (UT) Universität Twente, Niederlande, (LMSP) Laboratoire de Mécanique des Systèmes et des Procédés, INSA-Lyon, Frankreich, (UML) University of Massachusetts Lowell, USA, (UN) University of Nottingham, GB, (KUL) Katholieke Universiteit Leuven, Belgien und (HKUST) Hong Kong University of Science and Technology, China) an drei identischen Geweben durchgeführt. Sechs der aufgeführten Arbeitsgruppen lieferten die Ergebnisse unter Nutzung des Scherrahmens und vier der Arbeitsgruppen auf Basis des Schrägzugversuches.

Das Ziel dieser Arbeit war es, Empfehlungen für geeignete Prüftechnik und ein standardisiertes Prüfverfahren zu erhalten. Somit wurden die Untersuchungen zunächst kaum durch Vorgaben bezüglich der Prüfdurchführung eingeschränkt.

Die Probenzuschnitte waren quadratisch und wurden auf die jeweiligen Rahmenabmessung (145 mm bis 250 mm) abgestimmt. Auf die genaue Probenvorbereitung wird im

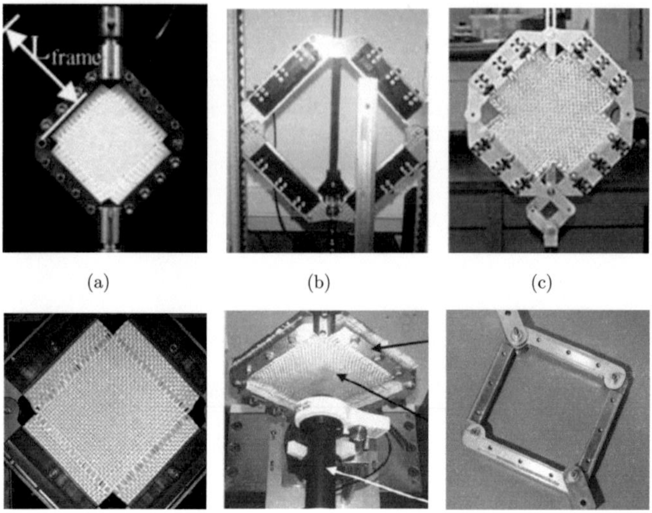

(a) (b) (c)

(d) (e) (f)

Bild 4.11: Verwendete Scherrahmen [CAB+08]: (a) HKUST; (b) KUL; (c) UML; (d) UT; (e) LMSP; (f) UN

weiteren Text noch eingegangen. Alle Untersuchungsmaterialien waren Gewebe und somit die Verstärkungsfäden in 0°/90° Richtung zueinander ausgerichtet. Bei der Prüfung wurden unterschiedliche Prüfgeschwindigkeiten (10 mm/min bis 1000 mm/min) angewandt. Die Bauweise der Scherrahmen war nicht identisch (Bild 4.11), alle haben jedoch gemeinsame Merkmale. Die Halbzeuge wurden im Scherrahmen durch die Klemmmechanismen so gehalten, dass kein Schlupf während der Prüfung auftrat. Die Reibung zwischen der Verstärkungsstruktur und der Einspannung wurde ignoriert. Um den Beitrag der Kraft, die aus der Scherung der am Rand liegenden Verstärkungsfäden resultiert, zu eliminieren, hat die HKUST alle eingespannten Randfäden parallel zur Klemmrichtung entfernt (siehe Bild 4.12(a)). Die UT hat ebenso Verstärkungsfäden eliminiert, die in einem definierten Abstand parallel zur Klemmeinrichtung lagen, um eine vorzeitige Faltenbildung während der Prüfung zu vermeiden (siehe Bild 4.12(b)).

Für den Schrägzugversuch wurden ebenfalls Proben unterschiedlicher Größe eingesetzt und mit verschiedenen Prüfgeschwindigkeiten geprüft.

Die Ergebnisse der Studie haben gezeigt, dass es trotz unterschiedlicher experimenteller Voraussetzungen möglich war, mittels Scherrahmen wertvolle experimentelle Daten zur Charakterisierung des Scherverhaltens der Verstärkungsstrukturen zu ermitteln. Die mechanische Konditionierung der Probe kann die Wiederholbarkeit verbessern. Dies zeigten die Ergebnisse der UML und des KUL. Alle vom UML getesteten Proben wurden mechanisch aufbereitet und lieferten Ergebnisse geringer Schwankungsbreite. KUL testete die Proben mit jeweils drei Belastungszyklen. Dabei waren große Unterschiede zwischen dem ersten und zweiten Belastungszyklus erkennbar. Die Ergebnisse des zweiten und dritten Zyklus hingegen wiesen ziemlich ähnliche Werte auf. Mit Hilfe der mechanischen Konditionierung werden die infolge des Webprozesses in der Verstärkungsstruktur verbliebenen Spannungen ausgeglichen.

(a) (b)

Bild 4.12: Proben mit entfernten Randfäden [CAB+08]: (a) HKUST; (b) UT

Parallel zur Berechnung des Scherwinkels (vergleiche Kapitel 4.2.2) wurden optische Methoden zur Erfassung der Faltenbildung eingesetzt. Im Ergebnis konnte festgestellt werden, dass bei Leinwandgewebe bis zu einem Scherwinkel von 35° im Scherrahmentest und 30° im Schrägzugversuch eine gute Übereinstimmung mit der Ermittlung des Scherwinkels aus dem Traversenweg erzielt werden konnte. Bei größeren Winkeln wurde empfohlen, die Faltenbildung optisch zu detektieren.

Um unterschiedliche Scherrahmen- und/oder Probengrößen und -aufmachungen vergleichen zu können, wurden Normalisierungsmethoden entwickelt und präsentiert [CAB+08]. Nach Anwendung der in der Studie beschriebenen Normalisierungsmethoden waren die Testergebnisse ähnlich. Bisher fehlt jedoch nach wie vor ein Prüfstandard. Deshalb sind weitere Untersuchungen geplant, um u. a. die Auswirkungen der Vorspannung zu erfassen [CAB+08, LHD+08].

4.1.2 Deformationsverhalten textiler Verstärkungsstrukturen für FKV

Wie der vorhergehende Abschnitt bereits zeigt, ist zur textilphysikalischen Charakterisierung von Halbzeugen aus Hochleistungsfaserwerkstoffen eine Anpassung der textilen Prüftechnik unumgänglich, da sich diese Verstärkungshalbzeuge in ihrem geometrischen und strukturellen Aufbau teilweise deutlich von klassischen Flächengebilden unterscheiden. Nach Hörsting [Hör94] und später u. a. Körwien [Kör03], Krzywinski [Krz05], Hancock und Poter [HP05] setzt sich das Deformationsverhalten von Flächengebilden aus Garnen, die aus endlosen Hochleistungsfasern bestehen, aus Anteilen der **Fadendehnung**, **Fadenstreckung**, **Fadenverschiebung** (siehe Bild 4.13) und **Flächenscherung** (siehe Bild 4.4) zusammen.

Das Scherdeformationsprinzip zur Bestimmung der Flächenscherung wurde bereits im Unterabschnitt 4.1.1 beschrieben.

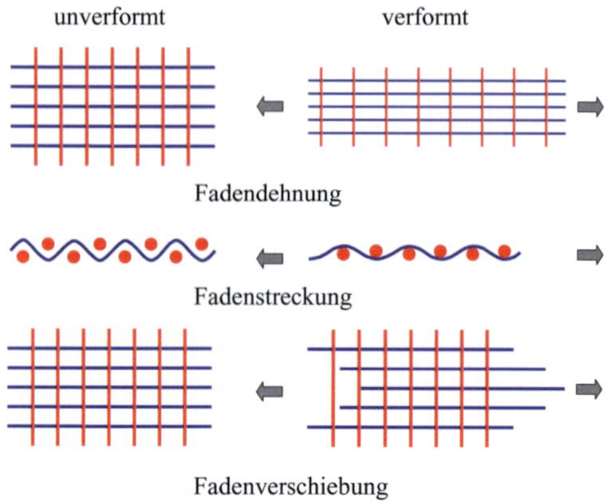

Bild 4.13: Grundmechanismen der Verformung von textilen Verstärkungsstrukturen [Hör94, Kör03, Krz05]

Fadendehnung

Aus Hochleistungsfaserstoffen hergestellte Gewebe, Maschenwaren mit bi- und multiaxialen Verstärkungsfäden oder Gelege weisen bei Zugkräften unter 100 N eine minimale Dehnung auf, so dass zur Realisierung der Verformung des textilen Flächengebildes nur ein sehr geringer Beitrag aus der Dehnung zu erwarten ist [Kör03, Krz05, LHD+08].

Fadenstreckung

Die Fäden der Flächengebilde, die durch Fadenverkreuzungen (z. B. Gewebe, Geflechte) und Fadenumschlingungen (Maschenwaren) hergestellt werden, liegen nicht gestreckt sondern wellen-, sinus- oder schleifenförmig vor. Infolge der Veränderung der Krümmungsradien der Fäden unter Krafteinwirkung entsteht eine Fadenstreckung im Halbzeug [Kör03, Ora06]. Im Bild 4.13 ist die Fadenstreckung eines Gewebes dargestellt.

Fadenverschiebung

Die Fadenverschiebung tritt häufig bei Flächengebilden aus Hochleistungsfaserstoffen mit geringer Faden-Faden-Reibung auf (siehe Bild 4.13). Derartige Flächengebilde sind unter anderem Multiaxialgelege und Gewebe mit langen Fadenflottierungen (Köper, Atlasgewebe). Bei Leinwandgeweben kann diese Verformungsart vernachlässigt werden [Ora06].

Das Scherverhalten ist laut [LC07, HP05, CAB+08, LHD+08] die wichtigste Deformationskenngröße zur Modellierung und Simulation des Formgebungsprozesses textiler Verstärkungsstrukturen aus Hochleistungsfaserstoffen. Im Rahmen dieser Arbeit werden somit die ausgewählten Flächengebilde hinsichtlich des Scherverhaltens charakterisiert.

4.2 Charakterisierung der textilen Halbzeuge

4.2.1 Auswahl der Verstärkungshalbzeuge

Für die experimentellen Untersuchungen werden fünf Flächengebilde eingesetzt. Die Testmaterialien variieren nach Flächenbildungstechniken (Gewebe, Multiaxialgelege), Faserstoffen (Glasfaserstoff, Glasfaserstoff/Polypropylen, Karbonfaserstoff), Fadenfeinheiten und Dichten. Die Tabellen 4.1 und 4.2 geben einen Überblick über die eingesetzten Verstärkungsstrukturen.

Tabelle 4.1: Untersuchte Gewebe

Nr.	Bezeichnung	Hersteller	Bindung	Volumenanteil [%]			Fadenfeinheit [tex]		Flächengewicht [g/m^2]
				GF	CF	PP	Kette	Schuss	
G1	Twintex®	OCV^{TM}	Köper	35	-	65	1910	1930	745
G2	03G163Kl	Lange Ritter	Köper	100	-	-	68	68	163
G3	03G390Ll	Lange Ritter	Leinwand	100	-	-	340	272	390

Tabelle 4.2: Untersuchte Multiaxialgelege

Nr.	Hersteller	Lagenaufbau	Legung	Filamentanzahl	Flächengewicht [g/m^2]
M1	Saertex® GmbH & Co. KG	-45°/+45°	Franse	12K/12K	540
M2	Saertex® GmbH & Co. KG	0°/90°	Franse	12K/12K	556

4.2.2 Bestimmung des Scherverhaltens

Wie im Unterabschnitt 4.1.1 beschrieben, gibt es zahlreiche Prüfverfahren zur Bestimmung des Scherverhaltens textiler Flächengebilde. Zur Auswertung des Scherverhaltens wird meist der kritische Scherwinkel herangezogen, da dieser in Simulationstools hinterlegt werden kann (siehe Abschnitt 5.2). Er beschreibt die Grenze zwischen maximaler Fadenkompression und dem Beginn der Faltenbildung.

Versuchsdurchführung

Für die Untersuchungen im Rahmen der Arbeit wird der am ITM entwickelte Scherrahmen [Ora06] zur Erfassung der Faltenbildung eingesetzt. Aus den errechneten Scherkraft-Scherwinkel-Diagrammen lassen sich Aussagen über die zu erwartende Verformbarkeit ableiten.

Der Scherrahmen (200 mm x 200 mm) wird in eine Zugprüfmaschine, z. B. Zwick 25 (Zwick GmbH & Co. KG [zwi10]), integriert. Für die Versuchsdurchführung werden die Proben (300 mm x 300 mm) spannungslos auf dem Scherrahmen aufgenadelt und gesichert. Im Bild 4.14 ist der Versuchsaufbau dargestellt.

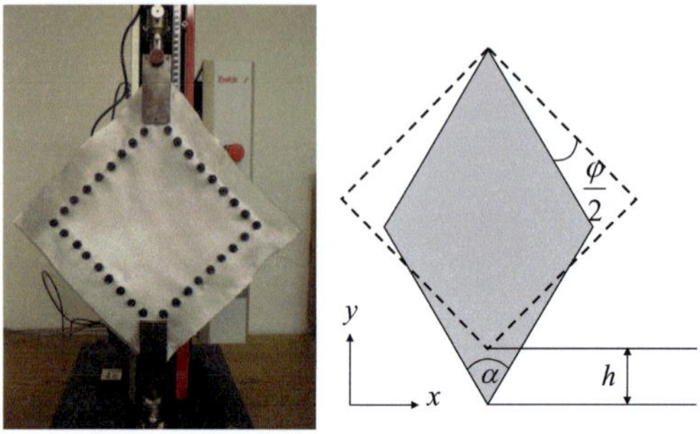

Bild 4.14: Versuchsaufbau und Probendeformationsprinzip

Die Scherdeformation erfolgt, wie bereits beschrieben, durch die Verformung des Scherrahmens vom Quadrat zur Raute in der Zugprüfmaschine. Der Verformungsweg h des Scherrahmens beträgt bei den Untersuchungen 60 mm (bei Multiaxialgelege) bis max. 100 mm (bei Geweben) und entspricht somit einen Scherwinkel von $\varphi = 0°$ bis $\varphi = 28,0°$ bzw. $\varphi = 0°$ bis $\varphi = 56,3°$. Die Prüfgeschwindigkeit wird mit $v_{Pruf} = 200\ mm/min$ für die Prüfungen festgelegt. Während der Scherprüfung wird die Scherkraft entlang des Verfahrwegs aufgenommen und grafisch dargestellt.

Der Scherwinkel kann nach Gleichung 4.3 berechnet werden:

$$\varphi = 90 - 2 \arccos\left(\frac{1}{\sqrt{2}} + \frac{h}{2a}\right) \tag{4.3}$$

Dabei sind φ - Scherwinkel in °, h - Verformungsweg des Scherrahmens in mm, a - Seitenlänge des Scherrahmens in mm.

Zu Beginn der Messreihen werden Referenzmessungen mit dem Rahmen ohne Probe durchgeführt, um die Reibkräfte des Scherrahmens während der Prüfung zu ermitteln. Die Reibkraft wird als Referenzkurve von allen Messkurven subtrahiert. Die Verformung der Proben wird während der Prüfung zusätzlich mit einer Kamera aufgenommen, um die Aufwölbung in z-Richtung anhand des entstehenden Schattenbildes optisch zu erfassen. Die Kamera wird dazu in Richtung der Flächennormale mittig vor der Probe positioniert. Die fotografische Erfassung der Probe erfolgt mit einer Aufnahme pro Millimeter während der gesamten Prüfdauer.

Bei Multiaxialgelegen (MAG) spielt die Prüfrichtung eine entscheidende Rolle. Um die zu fertigenden Bauteile belastungsgerecht zu verstärken, werden textile Halbzeuge mit

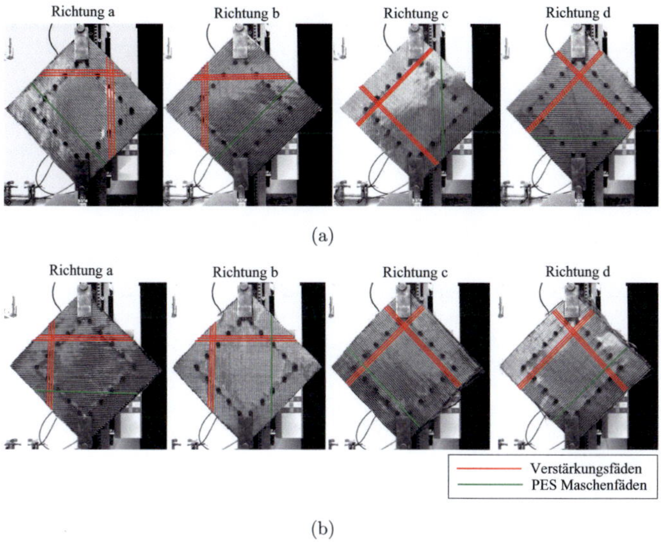

Bild 4.15: Scherprüfrichtungen der Multiaxialgelege: (a) M1; (b) M2 (siehe Tabelle 4.2)

unterschiedlichen Verstärkungsrichtungen in die gewünschte Form drapiert. Das Scherverhalten der Multiaxialgelege M1 und M2 (siehe Tabelle 4.2) wird deshalb in vier Richtungen (Richtungen a, b, c und d sind wie im Bild 4.15 gezeigt, definiert) ermittelt.

Ergebnisse und Auswertungen

Zur Auswertung der Prüfung werden alle Proben (siehe Tabelle 4.1 und 4.2) herangezogen. Die dazu angewandte Vorgehensweise wird hier exemplarisch erläutert.

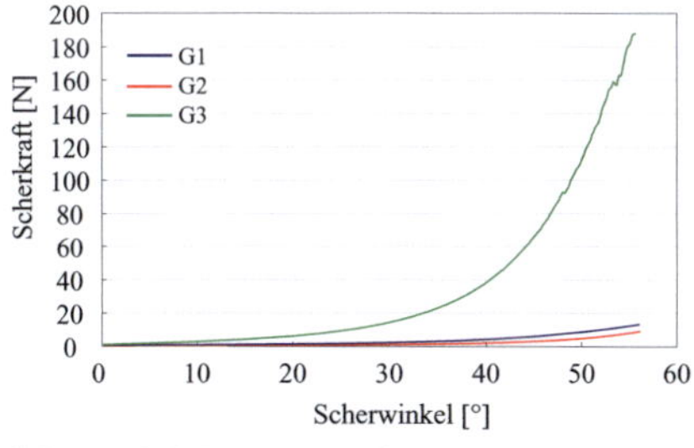

Bild 4.16: Scherkraft-Scherwinkel-Diagramm aller Testgewebe; Mittelwerte über 5 Proben

Während der Scherverlauf der drei Testgewebe bis zu einem Scherwinkel von 10° ähnlich ist, zeigen sich bei größeren Scherwinkeln deutliche Unterschiede. Die zur Scherverformung benötigten Kräfte sind bei dem relativ feinen Köpergewebe (G2) und dem groben

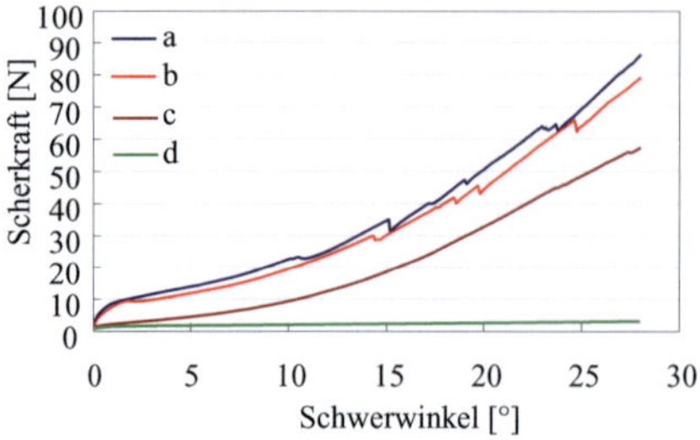

Bild 4.17: Scherkraft-Scherwinkel-Diagramm Multiaxialgelege M1 in 4 Richtungen; Mittelwerte über 3 Proben

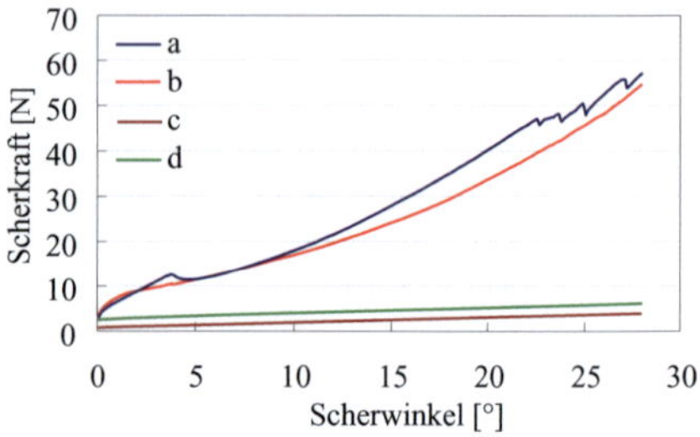

Bild 4.18: Scherkraft-Scherwinkel-Diagramm Multiaxialgelege M2 in 4 Richtungen; Mittelwerte über 3 Proben

aber dichten Twintex-Gewebe (G1) deutlich niedriger als die bei der Prüfung des Leinwandgewebes (G3) auftretenden Kräfte. Die Einflüsse der Fadenfeinheit und Fadendichte werden hier von den bindungstechnischen Charakteristika überlagert. In dem Bild 4.16 sind die Scherkraft-Scherwinkel-Verläufe dargestellt.

In den Bildern 4.17 und 4.18 sind die richtungsabhängigen Scherkraft-Scherwinkel Kurven der Multiaxialgelege M1 und M2 dargestellt. Das in 0°/ 90° verstärkte Multiaxialgelege M2 zeigt niedrigere Scherkräfte als das in -45°/ +45° verstärkte Multiaxialgelege M1. Bei den Prüfrichtungen a und b liegen die Verstärkungsfäden in Richtung der Krafteinwirkung. Da die Fäden jedoch nicht geklemmt vorliegen, entspricht diese Prüfung nicht der Zugprüfung.

Für die Durchführung der Drapiersimulation mit kommerziell verfügbaren Softwarelösungen werden der kritische und der Grenzwinkel benötigt. Zur Bestimmung des Grenzwinkels wird der Scherkraft-Scherwinkel-Verlauf, wie bei CHERIF [Che92] erläutert, in eine lineare und eine nichtlineare Zone unterteilt. Der Grenzwinkel φ_{Grenz} wird am Übergang des linearen zum nichtlinearen Bereich definiert.

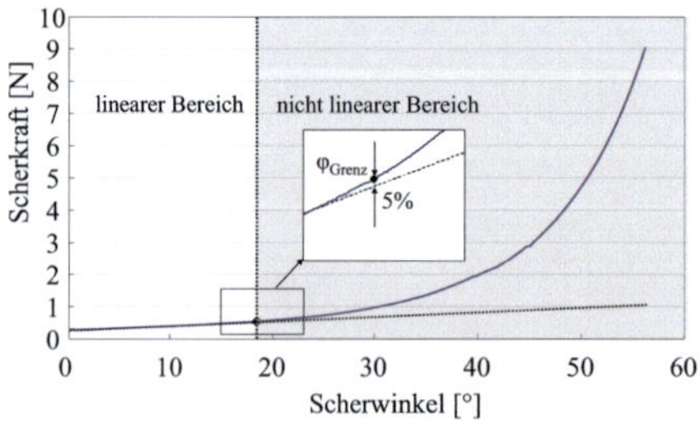

Bild 4.19: Scherkraft-Scherwinkel-Diagramm mit φ_{Grenz} für das Gewebe G2

Zur Beschreibung der linearen Bereiche wird mit Hilfe der linearen Regressionsanalyse eine Gleichung der Geraden ermittelt [Ora06]. Für die Regressionsanalyse muss der Messbereich, welcher dem linearen Verhalten entspricht, ausgewählt werden. Die Messwerte am Kurvenanfang werden aufgrund des Kraftanstiegs zu Beginn der Scherprüfung

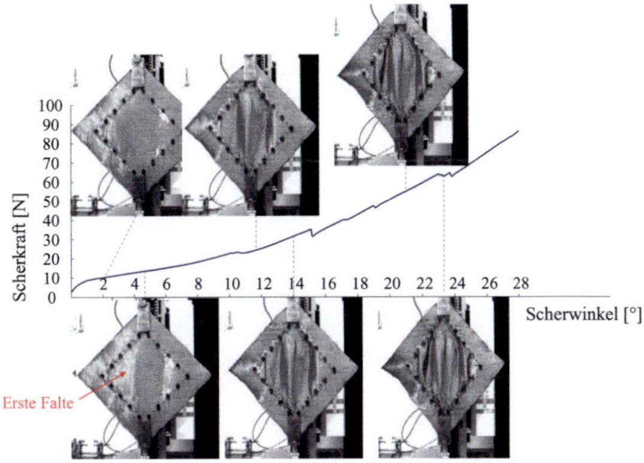

Bild 4.20: Subjektive visuelle Erfassung der Falte anhand des Multiaxialgeleges M1

nicht berücksichtigt. Nach diesem Kraftanstieg geht die Kurve in einen nahezu linearen Bereich über, der als Anfangswert der Regressionsanalyse festgelegt wird. In der Regel handelt es sich dabei um die Messwerte, die im Bereich zwischen 5° und 10° liegen. Die Ergebnisse aus der Differenz zwischen der Messkurve und der Geraden weisen im Untersuchungsbeispiel Schwankungen unter 3 % auf. Im Übergang zwischen dem linearen und dem nichtlinearen Bereich wird die Abweichung wesentlich größer. Das Ende des linearen Bereiches wird nach [Ora06] bei einer Abweichung von 5 % definiert. Exemplarisch wird dies anhand des Kurvenverlaufes des Gewebes G2 (siehe Tabelle 4.1) gezeigt (Bild 4.19).

Tabelle 4.3: Grenz- und kritische Scherwinkel der untersuchten Halbzeuge

Probenbezeichnung	**Grenzwinkel [°]**	**kritischer Scherwinkel [°]**
Gewebe G1	19,0	33,8
Gewebe G2	18,9	30,6
Gewebe G3	15,4	25,3
Gelege M1	4,3 (Richtung a) 7,2 (Richtung b) 10,5 (Richtung c)	6,8 (Richtung a) 9,2 (Richtung b) 14,0 (Richtung c)
Gelege M2	8,6 (Richtung a) 8,4 (Richtung b)	14,5 (Richtung a) 12,0 (Richtung b)

Die kritischen Scherwinkel der Flächengebilde werden, wie bereits beschrieben, optisch ermittelt (Beispiel im Bild 4.20). Bei der ersten Aufwölbung der Probe wird der kritische Scherwinkel subjektiv visuell detektiert. Alternativ dazu ist es auch möglich, die Faltenbildung mittels Grauwertbildauswertung auszuführen oder ein optisches 3D-Verformungsmesssystem einzusetzen [Ora06, CAB+08]. Der Technikeinsatz und der erhebliche Zeitaufwand lassen jedoch nur exemplarische Untersuchungen zu, so dass diese Methodik im Rahmen der Arbeit nicht angewandt wird. Die Werte der Grenz- und kritischen Scherwinkel sind in der Tabelle 4.3 erfasst. Die Multiaxialgelege M1 und M2 zeigen ein unterschiedliches Verhalten. In der Prüfrichtung d war keine Faltenbildung bei beiden Multiaxialgelegen zu erkennen, dies gilt auch für die Prüfrichtung c beim Multiaxialgelege M2. Falls die beanspruchungsgerechte Auslegung eine Wahl der Drapierrichtung zulässt, sind die Richtungen d (M1/M2) bzw. c (M2) zu empfehlen.

4.3 Definition von Referenz- und Bauteilgeometrien

Im Rahmen der Arbeit wird ein doppeltgekrümmter Formkörper entsprechend Bild 4.21 computergestützt und anschließend physisch aus CAD-Daten erstellt und für die Untersuchungen genutzt. Der Formkörper wird im weiteren Text als Halbkugel bezeichnet. Die gewählte Geometrie dient als generisches Modell, mit dessen Hilfe die bei der Verformung und der Zuschnittgenerierung auftretenden Qualitätsprobleme gezeigt und die möglichen Lösungswege vorgestellt werden.

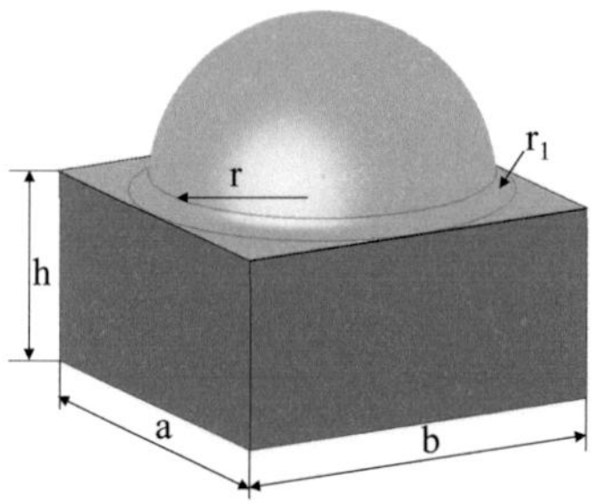

Bild 4.21: Demonstrator, $r = 180\ mm$, $r_1 = 10\ mm$, $a = b = 400\ mm$, $h = 200\ mm$

Zur Überprüfung und Anwendung der Untersuchungsergebnisse wurde eine wellenartig verstärkte Spantrahmenstruktur der Premium AEROTEC GmbH ausgewählt. Die Firma stellte das Formwerkzeug und die CAD-Daten zur Verfügung (siehe Bild 4.22).

Bild 4.22: Wellenartig verstärkte Spantrahmenstruktur, $a = 222{,}4\ mm$, $b = 102{,}5\ mm$

Bei dem wellenartig verstärkten Spant handelt es sich um ein z-Profil mit ca. 2 m Krümmungsradius. Die Profilradien variieren zwischen 5 mm und 16 mm. Der obere und der untere Flansch weisen unterschiedliche Höhen auf, die konstant über die Länge des Bauteils sind. Die Breite des Steges ist nicht konstant, sie nimmt von einer maximalen Breite von 222,4 mm auf ein Minimum von 102,5 mm ab. Die Wellen besitzen alle die gleiche Höhe, unterscheiden sich aber in Krümmungsradius, Anstiegswinkel und Fläche. Der

Krümmungsradius entspricht der Krümmung des Spants an der Wellenposition. Wie im Bild 4.22 zu erkennen ist, ähnelt der Spant der Form einer viertel Ellipse, besitzt aber keinen konstanten Krümmungsradius [Bor08].

4.4 Charakterisierung der Binder

Die Binder in der Preformfertigung haben drei Aufgaben zu erfüllen, und zwar:

- die Formstabilität zu erhöhen,
- die Handhabung zu erleichtern und
- die strukturellen Eigenschaften des FKV-Bauteils einzustellen.

4.4.1 Auswahl der Binder

Um für die Strukturfixierung geeignete Binder auszuwählen, werden zunächst die Anforderungen an die Binder definiert. Dies sind:

- eine gute Haftfestigkeit mit der Matrix (PP, Epoxydharz) und Fasermaterial,
- eine schnelle Aushärtung/Abbindung des Binders,
- eine geringe Viskosität,
- eine hohe Elastizität des ausgehärteten/abgebundenen Binders,
- eine mittlere Binderfestigkeit,
- eine gute Aufschmelzbarkeit oder Temperaturbeständigkeit für das Konsolidieren,
- eine gute Verarbeitbarkeit in einer Dosieranlage sowie
- keine negative Beeinflussung der mechanischen Eigenschaften des FKV.

Nach umfangreicher Recherche werden fünf Binder für die experimentellen Untersuchungen von Glasfaser- und Karbonfaserpreforms und den daraus hergestellten Verbundplatten ausgewählt. Die Auswahl der Binder erfolgt anhand der Binderkennwerten, die von den Datenblättern der Hersteller entnommen werden.

Der UV-härtende Binder aus der Gruppe der Polymerisationsklebstoffe (Einteilung der Klebstoffe siehe Bild 3.5) wird aufgrund der guten Dosierfähigkeit per Hand und Roboter sowie der schnellen Aushärtung favorisiert. Hingegen hat der ausgewählte reaktive flüssige Schmelzklebstoff noch nicht abgebundene funktionelle Gruppen, somit kann ein kompatibles Matrixsystem mit passenden Härterkomponenten diese freien Molekülgruppen zur Vernetzung der Grenzfläche durch chemische Anbindung nutzen.

In der Luft- und Raumfahrtindustrie werden bereits Schmelzklebstoffe in Form von Vliesen und pulverförmige Epoxydharze mit thermoplastischem Charakter als vollflächige Binder zur Preformherstellung eingesetzt. Diese Binder werden deshalb im Rahmen der Arbeit hinsichtlich ihrer Eignung zur lokalen Fixierung getestet. Beim matrixgleichem

Fixierungsmittel (im Untersuchungsfall PP) ist die Verträglichkeit zur PP-Matrix ausschlaggebend. Die Tabelle 4.4 fasst die wesentlichen Bezeichnungen und die Art der Binder zusammen.

Tabelle 4.4: Übersicht über die experimentell untersuchten Preformbinder

Nr.	**Bezeichnung**	**Hersteller**	**Basis**	**Aushärtung**	**Viskosität (Basis)** $[mPas]$
B1	DELO Photobond 4436	DELO	modifiziertes Acrylat	UV-härtend, UVA-Intensität 60 mV/cm^2, Aushärtezeit 8 s	350
B2	Jowatherm-Reaktant POR-Hotmelt 628.90	Jowat	Polyolefin	Schmelze bei 160-190°C, Abbindung, feuchtigkeitsvernetzend, Vernetzungsdauer 7-14 Tage	bei 190°C ca. 7500
B3	PO 4401	Spunfab	Polyolefin	Schmelze bei 120-140°C, Abbindung im Sekundenbereich	-
B4	Epicote 05311	Hexion	Epoxydharz (Bisphenol-A-Basis	Schmelze über 102°C, Abbindung im Sekundenbereich	bei 150°C gegen 0
B5	PP	Borealis	Polypropylen	Schmelze bei 161-165°C, Abbindung im Sekundenbereich	

Um den Einfluss der Binder auf die Biegefestigkeiten und die interlaminaren Scherfestigkeiten zur ermitteln, werden unbebinderte und bebinderte Verbundplatten mit duroplastischen und thermoplastischen Matrixsystemen hergestellt. Thermoplastische Matrixsysteme, die über die Verarbeitung von Hybridgarnen (Twintex® in Form von PP) oder den Einsatz von Thermoplastfolien (siehe Tabelle 4.5) in das Flächengebilde eingebracht werden, werden für die Verstärkungshalbzeuge aus Glasfasern eingesetzt.

Zur Verbundplattenbildung wird bei den Karbonfasermultiaxialgelegen ein zweikomponentiges niederviskoses Tränkharz (siehe Tabelle 4.6) genutzt.

Tabelle 4.5: Eigenschaften der PP-Folie

Nr.	**Hersteller**	**Nominale Dicke** $[\mu m]$	**Flächengewicht** $[g/m^2]$	**Dichte** $[g/m^3]$
P1	Pütz GmbH + Co. Folien KG	40,0	36,4	0,9

4.4.2 Möglichkeiten der Binderapplikation

Momentan werden nahezu ausschließlich vollflächig bebinderte textile Halbzeuge für das Preforming eingesetzt. Diese Art der Strukturfixierung behindert die notwendige lokale Einstellbarkeit des Drapierverhaltens, führt teilweise zu einer Verschlechterung des

Tabelle 4.6: Spezifikation des Hexion Epoxydharzes Epicure 04908

Spezifikation	Harz 04908	Härter 04908	Gemisch
Mischverhältnis Gewicht	100	30	
Topfzeit		300 min ± 50	
Härtezeit			4-6 h/80°C
Viskosität [mPas 25°C]	500±250	10±5	
Mischviskosität [mPas]			130±10
Äquivalent [Gewicht]	Epoxy 165±3	Amin 50	
Dichte [g/cm^3]	1,15±0,02	0,93±0,02	
Brechnungsindex 25°C	1,540±0,003	1,468±0,003	
Wärmebelastbarkeit nach Temperung [Tg]			82°C

Harzinfusions-/Injektionsverhaltens sowie zur Reduzierung der mechanischen Kennwerte im Verbund. Im Rahmen der Arbeit wird deshalb die lokale Strukturfixierung mittels Binderapplikation untersucht und nachfolgend beschrieben.

Zur Bewertung der ausgewählten Binder wird das Flächengebilde G2 (siehe Tabelle 4.1) eingesetzt. Zusätzlich werden Tests anhand des Multiaxialgeleges M1 (siehe Tabelle 4.2) durchgeführt. Um die Machbarkeit einer Binderfixierung zu untersuchen, wird zunächst ein Screening an Ersatzgeometrien durchgeführt. Diese werden unter Berücksichtung der Prüfanforderungen für die Scherprüfung der Verstärkungshalbzeuge sowie die Biegefestigkeitsprüfung und die Prüfung der interlaminaren Scherfestigkeit der Verbunde konzipiert. Die Fixierungsmuster für die Bewertung aller Binder sind im Bild 4.23 dargestellt.

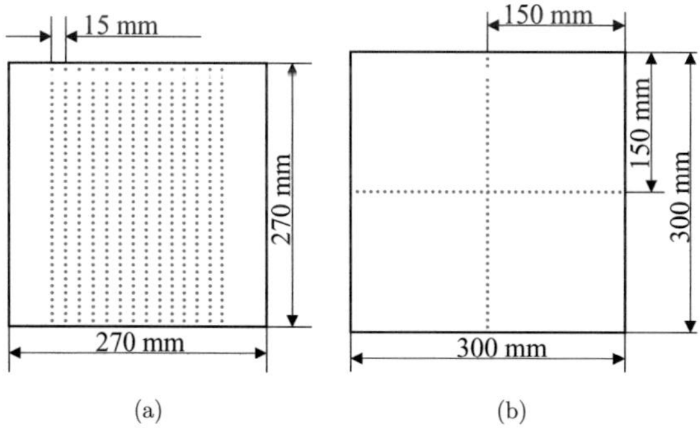

Bild 4.23: Fixierungsmuster bei jeweiliger Prüfung: (a) Biege- und interlaminare Scherfestigkeitsprüfung (Muster A); (b) Scherprüfung (Muster B)

Um den Einfluss des Binderanteils und der Fixierungsmuster auf die Schereigenschaften des textilen Halbzeuges besser bewerten zu können, wird einer der ausgewählter Binder, und zwar B2, wegen einfacher und gut reproduzierbarer Applikation in vier zusätzlichen Fixierungsmustern erprobt. Die Fixierungsmuster sind im Bild 4.24 dargestellt.

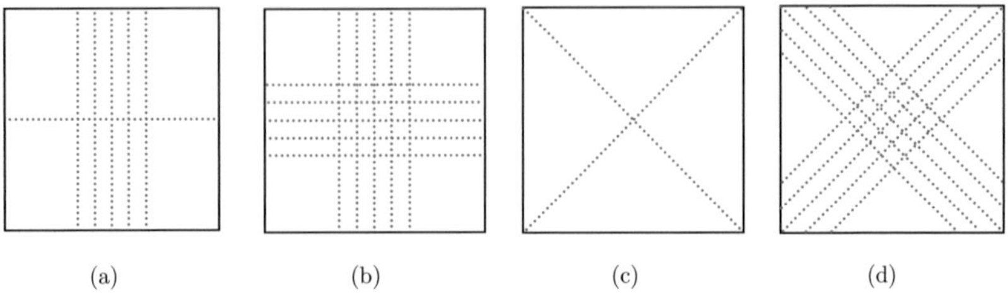

Bild 4.24: Fixierungsmuster für die Bewertung des Bindereinflusses auf die Schereigenschaften (Breite der Fixierungslinie ist ca. 10 mm): (a) Muster C; (b) Muster D; (c) Muster E; (d) Muster F

Der flüssige UV-härtende Binder (siehe B1 in der Tabelle 4.4) wird in Form einer Punktkette mit Hilfe eines am Fraunhofer Institut für Werkstoff- und Strahltechnik verfügbaren Roboters *Janome SCARA 4404* auf die Probe appliziert. Dieser Roboter der Firma GLT Gesellschaft für Löttechnik GmbH wird für Dispens- und Oberflächenvorbehandlungsaufgaben verwendet. Für die Funktionsfähigkeit des Robotersystems sind weitere Geräte und Bedienelemente erforderlich. Dazu gehören Bedienpult, Technik-Box, Dosiergerät, Computer und Schutzvorrichtung. Der Roboter wird über eine speziell entwickelte Software gesteuert. Die Software besitzt eine integrierte CAD-Engine mit Import- und Exportschnittstellen und eine Konvertierungskomponente, um vollautomatisch Roboterprogramme aus CAD-Informationen zu generieren. Um einen Überblick über die verwendeten Programme und deren sich ändernden Dateiformate innerhalb der Roboterprogrammierung zu bekommen, ist zusammenfassend eine Übersicht im Bild 4.25 erstellt worden, in der die Felder jeweils Bezeichnung, Funktion und Dateiformat beinhalten [Gra08]. Die computerunterstützt generierten Ersatzgeometrien und Fixiermuster werden als dxf-Daten gespeichert und in die Software *Visual PathBuilder* importiert. Durch diese Software werden die eigentliche Generierung des Programms und die Umwandlung der 2D-Geometrien in die Arbeitsraumkoordinaten des Roboters realisiert. Nach der Konvertierung wird das Programm als jcs-Datei exportiert und danach in *JR-Points* importiert, um die Punkt-Job-Zuweisung zu realisieren. Die für die Bindermenge pro Fixierpunkt am Dosiersystem einzustellenden Parameter werden durch Sichtkontrolle ermittelt. Nachdem die Dosierparameter und das Programm für den Roboter eingestellt werden, kann die Probe im Arbeitsfeld des Roboters positioniert und das Programm abgefahren werden.

Die Aushärtung des Binders B1 wird über eine Bestrahlung der Ersatzgeometrie mit einer UV-Lampe erreicht.

Der reaktive Schmelzklebstoff (siehe B2 in der Tabelle 4.4) wird mittels Sprühauftrag auf die Proben appliziert. Dazu wird die Handdruckluftpistole *HB 700 K Spray* der Firma BÜHNEN GmbH eingesetzt. Die Voruntersuchungen haben gezeigt, dass sich der feuchtigkeitsvernetzende Schmelzklebstoff bei einer Temperatur von 190°C und einem Druck von 4 bar am besten verarbeiten lässt. Die Abhängigkeit der Viskosität des Binders von der Temperatur ist im Bild 4.26 dargestellt.

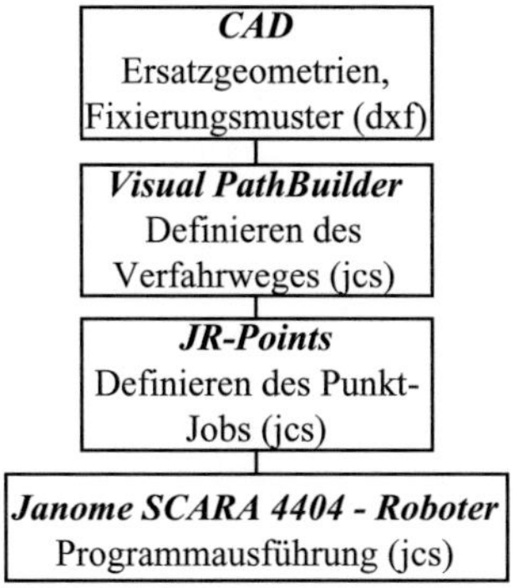

Bild 4.25: Übersicht der Programmgenerierung und ihrer Dateiformate

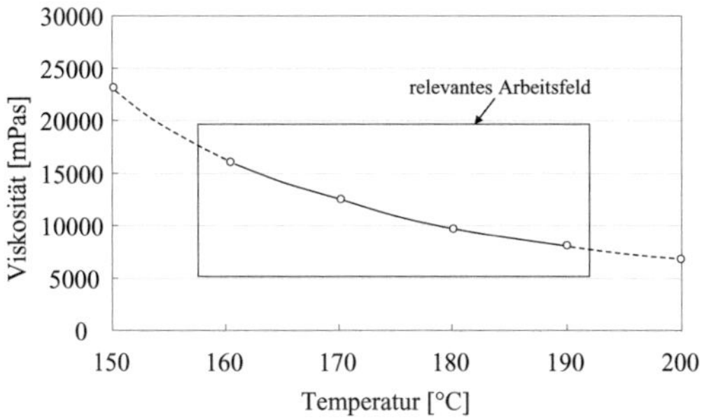

Bild 4.26: Viskositätswerte Jowatherm-Reaktant POR-Hotmelt 628.90 (B2) [jow08]

Beim Sprühauftrag kann die Binderschmelze mit Hilfe von Druckluft verwirbelt werden, so dass sich ein vliesartiger Überzug ergibt. Die Voruntersuchungen haben gezeigt, dass eine bessere Kompatibilität zur Matrix (sowohl thermo- als auch duroplastisch) erreicht wird, wenn keine Feuchtigkeitsvernetzung erfolgt, bevor der Konsolidierungsprozess abgeschlossen ist. Deshalb findet die Prüfkörperherstellung sofort nach der Binderabbindung statt.

Das Klebvlies (siehe B3 in der Tabelle 4.4) wird in 10 mm breiten Streifen zugeschnitten und auf die Halbzeuge entsprechend der Muster im Bild 4.23 aufgelegt. Die Aktivierung des Binders erfolgt im Wärmeofen innerhalb von 10 min bei einer Temperatur von $80°C$.

Der Pulverbinder (siehe B4 in der Tabelle 4.4) wird als Pulverraupe und das matrixgleiche Fixiermittel (PP)(siehe B5 in der Tabelle 4.4) als Granulat-Punktkette auf die Ersatzgeometrien aufgetragen. Das Aufschmelzen der Binder erfolgt im Wärmeofen in 20 min bei Temperaturen von $150°C$ beim Pulverbinder und $210°C$ bei PP.

Bei der Fixierung ist grundsätzlich von geringen Bindermengen auszugehen. In der nachfolgenden Tabelle 4.7 sind die resultierenden Binderanteile in g/m^2 für die in den Bildern 4.23 und 4.24 dargestellten Fixiermuster zusammengefasst.

Tabelle 4.7: Binderauftragsmenge in einer Lage des Verstärkungstextils

Binder Nr.	Muster A	Muster B	Muster C	Muster D	Muster E	Muster E
B1	3,9 g/m^2	0,7 g/m^2	-	-	-	-
B2	34,0 g/m^2	5,8 g/m^2	25,6 g/m^2	36,2 g/m^2	4,1 g/m^2	35,5 g/m^2
B3	16,5 g/m^2	2,8 g/m^2	-	-	-	-
B4	36,0 g/m^2	6,2 g/m^2	-	-	-	-
B5	90,5 g/m^2	15,5 g/m^2	-	-	-	-

Sehr unterschiedliche Auftragsformen (flüssig oder fest) sowie die stark variierenden Viskositäten führen trotz gleicher Auftragsgeometrien zu deutlich unterschiedlichen Binderauftragsmengen.

4.4.3 Bindereinfluss auf das Scherverhalten

Um den Einfluss der gewählten Binder auf die Drapiereigenschaften des Halbzeuges zu ermitteln, werden zunächst die Scheruntersuchungen an bebinderten Proben durchgeführt, ausgewertet und mit dem Ergebnis der Referenzproben (Proben ohne Binder) verglichen.

Probenvorbereitung

Zur Scheruntersuchung werden die im Unterabschnitt 4.4.2 beschriebenen Probengeometrien verwendet. Die Applikation der in Tabelle 4.4 aufgeführten Binder erfolgt nach Muster B (siehe Bild 4.23(b)). Zusätzlich dazu wird der Binder B2 entsprechend der Muster C, D, E und F (siehe Bild 4.24) mittels Sprühverfahren appliziert.

Durchführung der Scherprüfung

Die Scherprüfung wird mittels Zugprüfmaschine mit integriertem Scherrahmen, wie im Unterabschnit 4.2.2 beschrieben, durchgeführt.

Ergebnisse und Auswertungen

Bei einem linienförmigen Binderauftrag (zwei sich kreuzende, parallel zu den Probenrändern aufgetragene Linien) verändert sich der kritische Scherwinkel bei allen Bindern trotz der unterschiedlichen Binderanteile im Vergleich zur Referenz nur geringfügig. Die Abweichungen zur Referenz betragen maximal 5° (siehe Bild 4.27(a)). Mit einer signifikanten Einschränkung der Drapierbarkeit muss somit nicht gerechnet werden.

Die Scherprüfungergebnisse der zusätzlichen Fixierungsmuster sind im Bild 4.28 dargestellt. Sie weisen darauf hin, dass nicht nur der Anteil des eingesetzten Binders, sondern auch die Geometrie des Fixiermusters einen Einfluss auf das Scherverhalten der textilen Verstärkungshalbzeuge haben. Der kritische Scherwinkel nimmt mit zunehmendem Binderanteil ab, wenn die Fixierungslinien parallel zu den Probenrändern verlaufen (siehe Bilder 4.23(b), 4.24(a) und 4.24(b)). Die ohne Faltenbildung mögliche Scherung wird stark minimiert, wenn die Fixierungslinien im Winkel von 45° zu den Probenrändern ausgerichtet sind (siehe Bilder 4.24(c) und 4.24(d)). Bei einem derartigen Binderauftrag hat der Binderanteil einen untergeordneten Einfluss auf das Scherverhalten. Bereits bei kleinen Bindermengen wird der kritische Scherwinkel stark herabgesetzt.

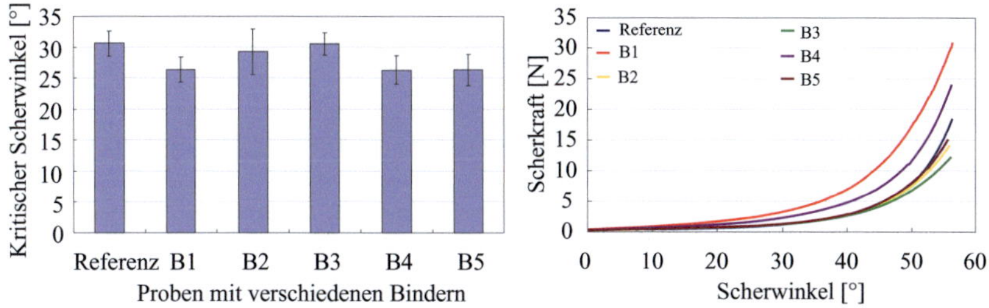

(a) (b)

Bild 4.27: Ergebnisse der Scherprüfung nach der Strukturfixierung (Muster B): (a) Werte des kritischen Scherwinkels; Mittelwerte über 5 Proben mit Standardabweichung; (b) Scherkraft-Scherwinkel-Diagramm des Testgewebes G2 mit verschiedenen Bindern; Mittelwerte über 5 Proben

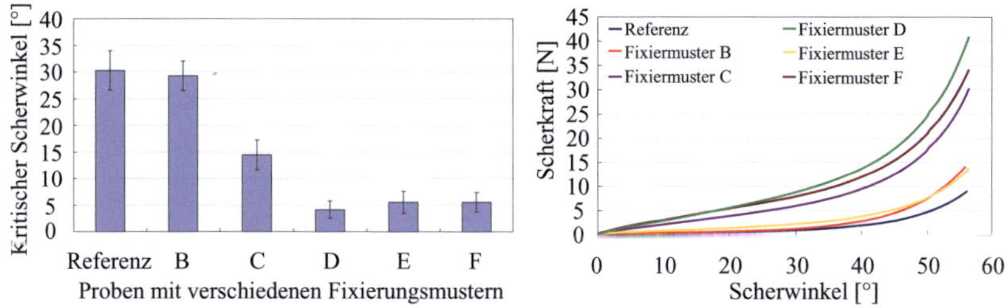

(a) (b)

Bild 4.28: Ergebnisse der Scherprüfung nach der Strukturfixierung (Muster B, C, D, E und F): (a) Werte des kritischen Scherwinkels; Mittelwerte über 5 Proben mit Standardabweichung; (b) Scherkraft-Scherwinkel-Diagramm des nach verschiedenen Mustern fixierten Testgewebes G2; Mittelwerte über 5 Proben

4.4.4 Haftung zwischen Verstärkungshalbzeug und Binder

Um die Haftung des Binders an den Garnen zu beschreiben, wird der Widerstand gegen den Auszug von Garnen mittels **Pull out-Versuch** ermittelt. Die Ausziehkräfte der fixierten Proben werden mit denen der unfixierten Proben verglichen.

Probenvorbereitung

Die Prüfung erfolgt durch das Herausziehen der Kett- und Schussverstärkungsfäden aus dem Gewebe G2 (siehe Tabelle 4.1). Untersucht werden alle eingesetzten Binder. Zur Prüfdurchführung wird die Standardzugprüfmaschine der Firma Zwick GmbH & Co. KG verwendet. Da für den Pull out-Versuch keine Norm existiert, werden folgende Bedingungen festgelegt. Die Probenvorbereitung erfolgt nach DIN 53 857 Teil 1 für den Streifenzugversuch. In der Mitte der Probe wird der Binder in horizontaler Richtung in Form einer Linie in sehr geringen Mengen (siehe Tabelle 4.8), nach der im Unterabschnitt

4.4.2 beschriebenen Applikationsmethode, aufgetragen.

Tabelle 4.8: Binderauftragsmenge und Linienbreite der Binder in einer Lage des Verstärkungstextils für den Pull out-Versuch

Binder Nr.	Binderauftragsmenge $[g/m^2]$	Linienbreite $[mm]$
B1	1,9	12
B2	0,3	10
B3	10,4	2
B4	2,4	10
B5	3,4	20

Durchführung des Pull out-Versuchs

Die Proben (250 mm x 50 mm) werden mit Hilfe der unteren Klemme über die gesamte Probenbreite eingespannt. Die obere Einspannung wird über eine Fadenklemme realisiert, um nur einen einzelnen Faden aus dem Gewebe herausziehen zu können. Der Prüffaden wird 10 mm über der unteren Klemme abgeschnitten, damit er nicht mehr von dieser fixiert wird (siehe Bild 4.29). Die freie Einspannlänge der Probe beträgt $l_{spann} = 150\ mm$ und die Prüfgeschwindigkeit beträgt $v_{Pruf} = 50\ mm/min$. Aufgrund der Abtrennung des Prüffadens bei $l = 10\ mm$ über der unteren Klemme ergibt sich eine maximale Messlänge des Fadenauszuges von $l_{Pruf} = 140\ mm$. Die Pull out-Versuche werden sowohl für die Kett- als auch für die Schussfäden durchgeführt.

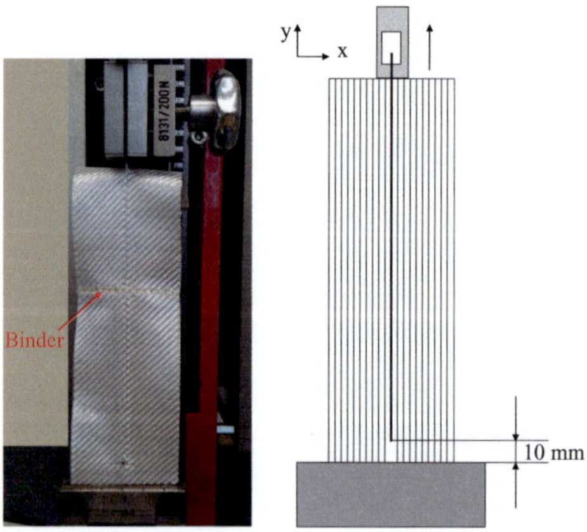

(a) (b)

Bild 4.29: Pull out-Versuch: (a) Versuch am Zugprüfgerät; (b) Skizze des Versuchprinzips

Ergebnisse und Auswertungen

Um zu wissen, welche Höchstzugkräfte (Kräfte bis zum Bruch) zu erwarten sind, werden zuerst Zugversuche an den Kett- und Schussgarnen unter den Prüfbedingungen, die mit dem Pull out-Versuch vergleichbar sind (Einspannlänge, Prüfgeschwindigkeit), durchgeführt. Das Kraft-Weg-Diagramm der Zugversuche ist im Bild 4.30 gezeigt.

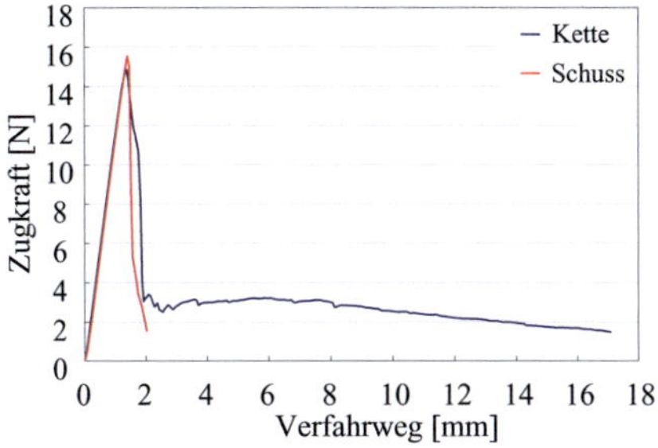

Bild 4.30: Kraft-Weg-Diagramm des Garnzugversuches; Mittelwerte über 5 Proben

Die Höchstzugkräfte der Kettfäden liegen zwischen 14,2 N und 14,8 N und die der Schussfäden zwischen 14,9 N und 16,1 N.

Die Ergebnisse der Pull out-Versuche an unbebinderten und bebinderten Proben sind in den Diagrammen im Bild 4.31 dargestellt.

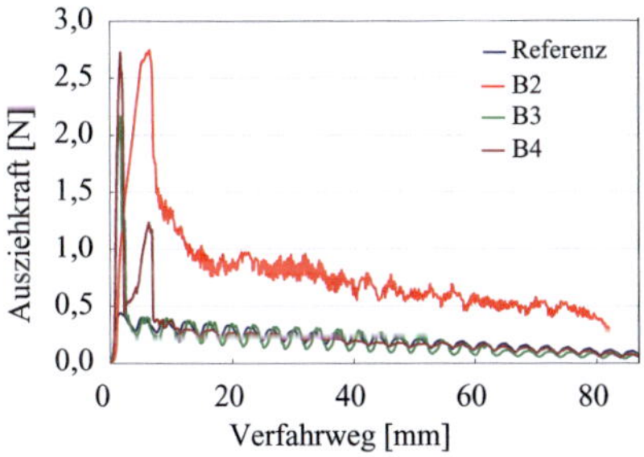

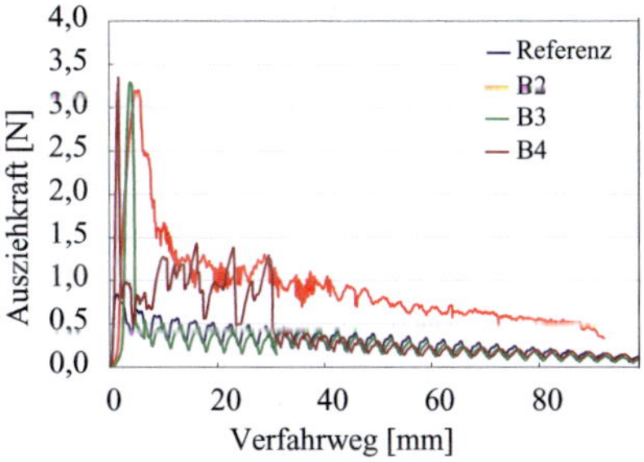

(a) (b)

Bild 4.31: Kraft-Weg-Diagramm des Pull out-Versuches; Mittelwerte über 5 Proben: (a) Auszug des Kettfadens; (b) Auszug des Schussfadens

Die Diagramme zeigen den Einfluss der Binder B2, B3 und B4 auf das Auszugsverhalten der Verstärkungsfäden innerhalb der Struktur. Der sinusförmige Kurvenverlauf der unfixierten Proben entsteht aufgrund der Köperbindung des Verstärkungshalbzeuges. Wenn das Fadenende durch eine Kreuzung der Fadensysteme hindurch geglitten ist, entsteht ein Kraftabfall. Die Anzahl der Bögen in der Kurve entspricht der Anzahl der Kreuzungen der Fadensysteme in der Prüfprobe aus denen der Faden gezogen wird. Die Kurven der mit dem Binder B4 fixierten Proben weisen zu Beginn des Versuches sowohl in Kett- als auch in Schussrichtung einen starken Kraftanstieg auf. Nachdem die binderbestimmte Haftreibung überwunden ist, entspricht der Kurvenverlauf dem der unfixierten Proben. Der Binder B2 beeinflusst das Auszugsverhalten über dem gesamten Verfahrweg stark.

Am Anfang des Versuches ist ein hohes Kraftanstieg erkennbar. Nach ca. 10 mm fällt die Ausziehkraft allmählich ab. Augenscheinlich werden die Binderbruchstücke abgerieben. Eine ähnliche Tendenz ergibt sich beim Binder B3, wobei der Abfall deutlich eher eintritt und stärker ausfällt. Im Kettfadensystem zeigen alle Proben geringere Ausziehkräfte.

Die Höchstzugkräfte der einzelnen Garne (14,4 N für die Kettfäden und 15,6 N für die Schussfäden) sind niedriger als die Kraft, die für den Fadenauszug aus den mit B1 und B5 bebinderten Proben benötigt wird. Dies weist darauf hin, dass die Binder B1 und B5 tief in die Textilstruktur eindringen.

Die maximalen Ausziehkräfte der unbebinderten Proben sowie der mit B2, B3 und B4 bebinderten Proben sind im Bild 4.32 dargestellt. Im Vergleich zu den unfixierten Proben werden ca. dreimal höhere Ausziehkräfte benötigt, um den Faden aus der Flächengebildestruktur auszulösen. Diese drei Binder verkleben nur die Oberfläche der textilen Struktur.

Infolge der unterschiedlichen Binderviskosität sowie der Applikationsform konnten keine einheitlichen Breiten der Fixierzonen realisiert werden. Somit sind die Ergebnisse nur bedingt vergleichbar.

Die Ausziehkräfte lassen sich durch eine erhöhte Bindermenge vergrößern. Je nachdem welches Konsolidierungsverfahren für die Herstellung des Bauteiles eingesetzt wird, müssen Bindermengen und Applikationsform anwendungs- und beanspruchungsgerecht in Experimenten bestimmt werden.

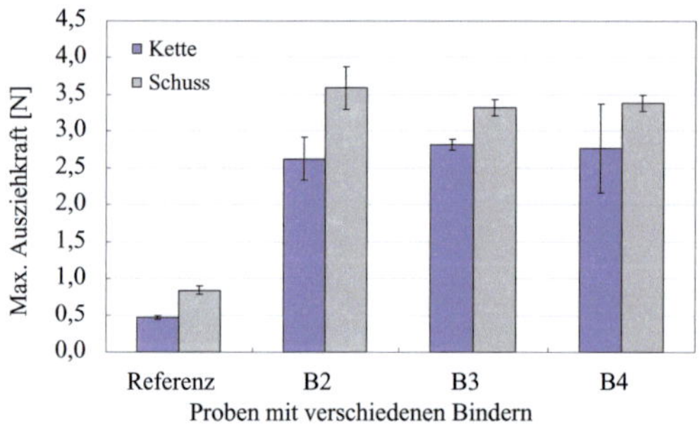

Bild 4.32: Höchstausziehkräfte der Garne aus unfixierten und fixierten Proben; Mittelwerte über 5 Proben mit Standardabweichung

4.4.5 Beeinflussung der mechanischen Verbundkennwerte durch Bindereinsatz

Um den Einfluss ausgewählter Binder auf die mechanischen Verbundeigenschaften zu beurteilen, werden Verbundplatten mit und ohne Binder nach dem Filmstacking-Verfahren bei thermoplastischer Matrix, bzw. dem Vacuum Assisted Process bei duroplastischer Matrix hergestellt und mit einer aussagekräftigen Methode der zerstörenden Werkstoffprüfung charakterisiert. Es werden die 4-Punkt-Biegeprüfung für die Ermittlung der

Biegefestigkeit und die 3-Punkt-Biegeprüfung mit kurzem Balken für die Ermittlung der **interlaminaren Scherfestigkeit** durchgeführt.

Probenvorbereitung

Verbundplatten mit und ohne Binder werden hergestellt. Die textilen Proben werden wie im Bild 4.23(a) dargestellt zugeschnitten und die Binder entsprechend der im Unterabschnitt 4.4.2 beschrieben Verfahrensweise nach dem Muster A appliziert. Bei der Verarbeitung des Flächengebildes G2 (siehe Tabelle 4.1) wird die thermoplastische Komponente zur Konsolidierung durch Einsatz von Thermoplastfolien (siehe Tabelle 4.5) eingebracht. Die Konsolidierung erfolgt nach dem Filmstacking-Verfahren in der Laborpresse. Der Faservolumenanteil im Verbund beträgt ca. 50 %. Die Verbundplatten werden, wie im Bild 4.33 gezeigt, aufgebaut und in eine Form gelegt. Um die erforderliche Wandstärke der Verbundplatte zu erreichen, werden 8 Lagen des Gewebes und 13 Lagen der Folie für die Probenherstellung zur Ermittlung der Biegefestigkeit und 16 Lagen des Gewebe und 26 Lagen der Folie für die Herstellung der Proben zur Ermittlung der interlaminaren Scherfestigkeit benötigt. Bei den nachfolgend vorgestellten Experimenten werden die Lagen jeweils in gleicher Fadenorientierung übereinander gelegt. Die Form wird zusammen mit ihrem Inhalt in der Presse aufgeheizt. Bild 4.34 zeigt den realisierten Druck- und Temperaturverlauf.

Bei Verarbeitung des Multiaxialgeleges M1 (siehe Tabelle 4.2) wird eine duromere Matrix eingebracht. Die Verbundplatten werden nach dem VAP-Verfahren (Vacuum Assisted Process)[3] [FST$^+$01] durch den Einsatz von Epoxydharz (siehe Tabelle 4.6) hergestellt. Der Faservolumenanteil im Verbund beträgt ca. 58 %. Um die erforderliche Wandstärke des Verbundes zu erreichen, werden vier Lagen des Geleges benötigt.

Nach dem Entnehmen der Platte aus dem Formwerkzeug werden die Proben unterschiedlicher Größe mittels wassergekühlter Diamantsäge herausgesägt. Die Probenmaße für die 4-Punkt- bzw. 3-Punkt-Biegeprüfung mit kurzem Balken sowie die Platzierung des Binders in der Probe sind aus den Tabellen 4.9 und 4.10 bzw. Bild 4.35 ersichtlich.

Tabelle 4.9: Probenabmessungen für die 4-Punkt-Biegeprüfung

Probenabmessungen	**Werte** [mm] **für GFK**	**Werte** [mm] **für CFK**
Probenlänge l	60	100
Probenbreite b	15	15
Probendicke h	2	2
Stützweite l_1	45	81
Mittlere Stützweite l_2	15	27
Radius Druckfinne r_2	2	2

[3]VAP ist ein Verfahren zur Herstellung von faserverstärkten Kunststoffbauteilen mittels Vakuumtechnologie. Es arbeitet mit membranunterstützter Niederdruck-Infiltrationstechnik.

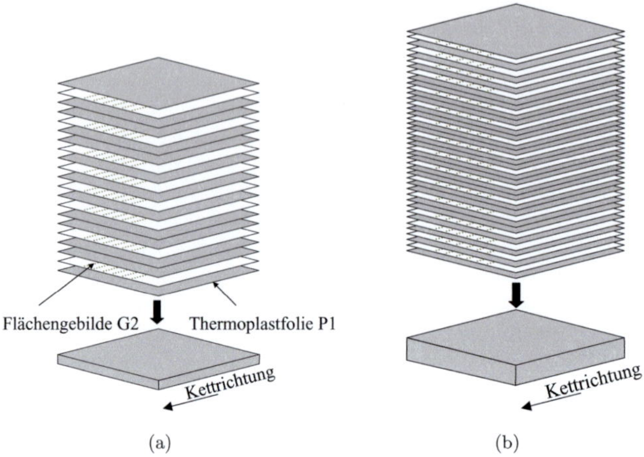

Bild 4.33: Aufbau der Verbundplatten: (a) für die 4-Punkt-Biegeprüfung; (b) für die 3-Punkt-Biegeprüfung mit kurzem Balken

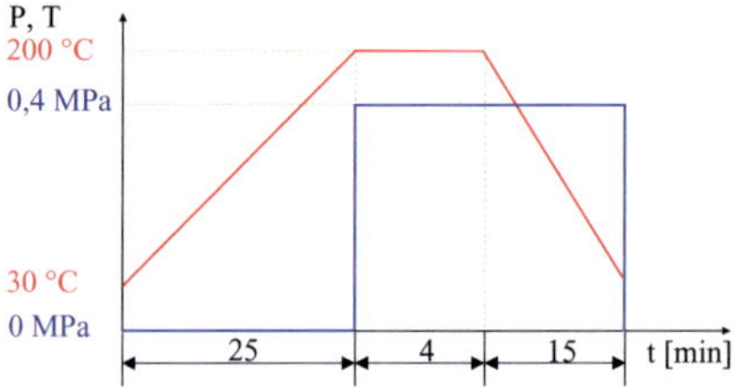

Bild 4.34: Pressvorgang (Temperatur, Druck und Haltezeit)

Tabelle 4.10: Probenabmessungen für die 3-Punkt-Biegeprüfung

Probenabmessungen	**Werte** [mm]
Probenlänge l	20
Probenbreite b	10
Probendicke h	4
Stützweite l_1	10
Radius Druckfinne r_2	5

Durchführung der 4-Punkt-Biegeprüfung zur Bestimmung der Biegefestigkeit

Die Biegeprüfungen an Verbundplatten und Balken werden üblicherweise im 3-Punkt- oder 4-Punkt-Verfahren durchgeführt. Die Biegeprüfungen erlauben bei Berücksichtigung der geometrischen Einflussfaktoren und der Besonderheiten der Schichtwerkstoffverbunde eine aussagekräftige Beurteilung des mechanischen Verhaltens im linear-

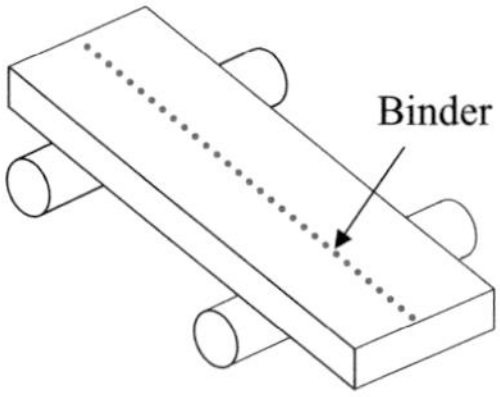

Bild 4.35: Binderplatzierung in der Probe

elastischen und darüber hinausgehenden im nichtlinearen Bereich bis zum Auftreten von Brüchen [DHO04]. Das 4-Punkt-Biegeverfahren hat den Vorteil der querkraftfreien Beanspruchung im Bereich der größten Durchbiegung. Des Weiteren wird ein konstantes Biegemoment zwischen den Druckfinnen realisiert.

Im Rahmen der Arbeit werden die Verbundplatten deshalb nach DIN ISO 14125 im 4-Punkt-Biegeverfahren untersucht. Der Probekörper wird mit einer konstanten Prüfgeschwindigkeit (5 mm/min) verformt, und zwar bis zum Bruch oder bis zum Erreichen eines vorgegebenen Wertes der Verformung. Während des Versuchs werden die auf den Probekörper wirkende Kraft und die Durchbiegung gemessen. Die Prüfanordnung ist aus dem Bild 4.36 ersichtlich.

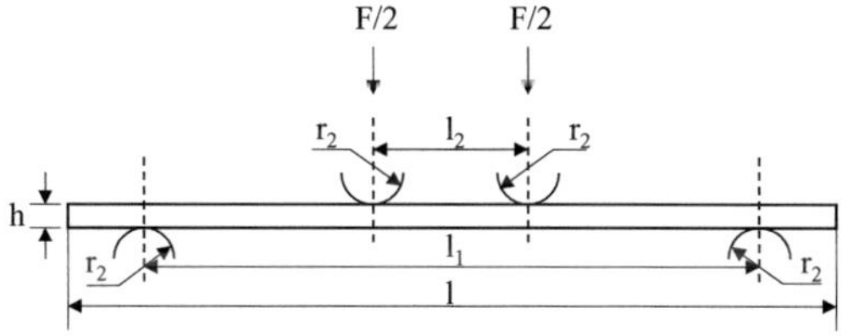

Bild 4.36: Prüfanordnung für das 4-Punkt-Biegeverfahren (für die Bestimmung der Biegefestigkeit)

Die Biegefestigkeit wird nach Gleichung 4.4 berechnet.

$$\sigma_f = \frac{FL}{bh^2}\left\{1 + 8,78\left(\frac{s}{L}\right)^2 - 7,04\left(\frac{sh}{L^2}\right)\right\} \tag{4.4}$$

Dabei sind σ_f - Biegespannung in MPa, F - maximale Kraft in N, s - Durchbiegung der Balkenmitte im mm, L - Stützweite in mm, b - Breite des Prüfkörpers in mm, h - Dicke des Prüfkörpers in mm.

Durchführung der 3-Punkt-Biegeprüfung mit kurzem Balken zur Bestimmung der interlaminaren Scherfestigkeit

Die interlaminare Scherfestigkeit wird nach DIN EN ISO 14130 nach dem 3-Punkt-Biegeverfahren mit kurzem Balken bestimmt. Im Kurzbiegeversuch führen die Schubspannungen durch konzentrierten Querkraftangriff zum Versagen der Probe. Das Verhältnis der Probenabmessungen ist klein (siehe Tabelle 4.10), damit eine Scherung über die ganze Probenlänge auftritt. Die Prüfgeschwindigkeit beträgt 1 mm/min. Die Prüfanordnung ist im Bild 4.37 dargestellt.

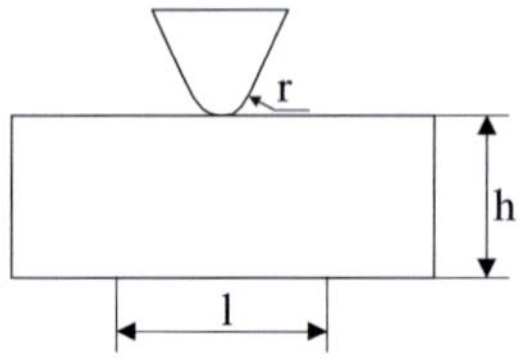

Bild 4.37: Prüfanordnung für das 3-Punkt-Biegeverfahren (für die Bestimmung der interlaminaren Scherfestigkeit)

Die interlaminare Scherfestigkeit τ wird nach der Gleichung 4.5 berechnet:

$$\tau = \frac{3F}{4bh} \tag{4.5}$$

Dabei sind τ - interlaminare Scherfestigkeit in MPa, F - maximale Kraft in N, b - Breite des Prüfkörpers in mm, h - Dicke des Prüfkörpers in mm.

Ergebnisse und Auswertungen der 4-Punkt-Biegeprüfung

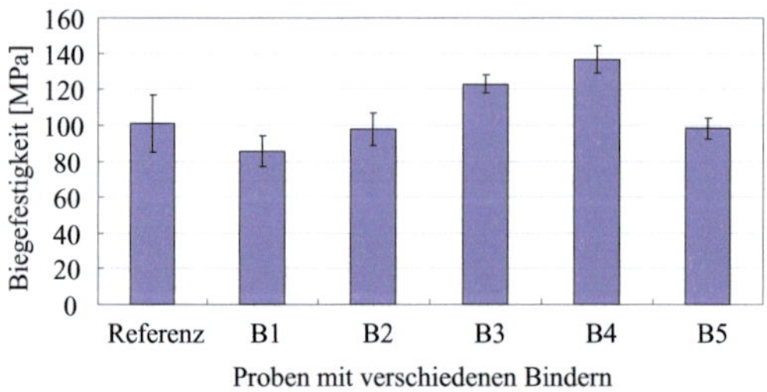

Bild 4.38: Biegefestigkeit σ_f (Laminat aus GF und PP Matrix); Mittelwerte über 8 Proben mit Standardabweichung

Bild 4.38 zeigt, dass die Werte der Biegefestigkeit der Proben mit den Bindern B2 und B5 (siehe Tabelle 4.4) etwa gleiche Werte wie die unbebinderten Referenzproben besitzen. Die Prüfkörper mit den Bindern B3 und B4 ergeben höhere Biegefestigkeit als die Referenz. Die guten Ergebnisse lassen sich mit einer guten Schmelzenverträglichkeit und einem nicht zu verzeichnenden negativen Temperatureinfluss während der Konsolidierung begründen.

Die Biegefestigkeitswerte der Proben mit dem Binder B1 liegen unter der Referenz. Diese niedrige Biegefestigkeit resultiert vermutlich aus der schlechten Haftung des Binders zur

Matrix oder der thermischen Zersetzung des Binders während des Konsolidierungsprozesses. Ein weiterer Grund für die geringere Biegefestigkeit könnten die unterschiedlichen Wärmeausdehnungskoeffizienten der Binder ($247 * 10^{-6}K^{-1}$) und der PP-Matrix ($100 - 200 * 10^{-6}K^{-1}$) sein. Beim Aufwärm- und Abkühlprozess während der Laminatherstellung entstehen Eigenspannungen im Verbund, die die Biegefestigkeit herabsetzen können.

Um die Ergebnisse der Prüfung besser erklären zu können, werden Schliffbilder ausgewählter Proben gefertigt.

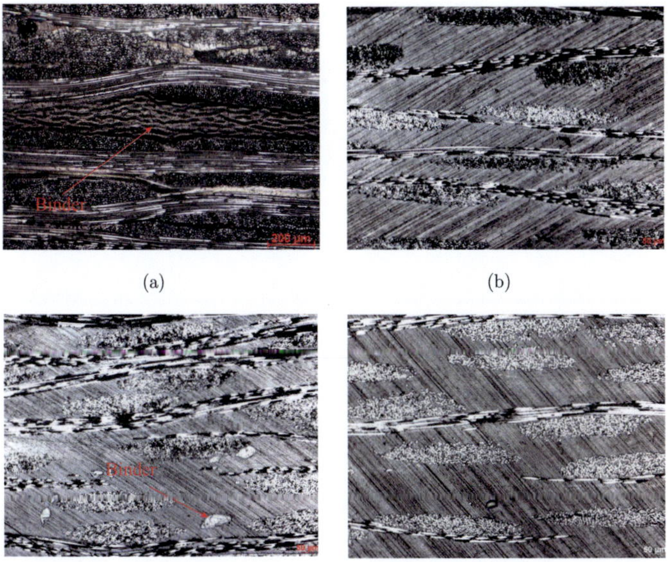

(a) (b) (c) (d)

Bild 4.39: Lichtmikroskopaufnahmen der Probenquerschnitte: (a) Gewebe G2 mit Binder B1; (b) Gewebe G2 mit Binder B2; (c) Gewebe G2 mit Binder B3; (d) Gewebe G2 mit Binder B5 (siehe Tabelle 4.4)

Die Schliffbilder liefern die Aussage (siehe Bild 4.39), dass die Binder B2 ohne Feuchtigkeitsvernetzung und B5 im Konsolidierungsprozess vollständig aufschmelzen und sich mit der Matrix verbinden. Das Gleiche gilt auch für den Binder B4. Durch die geringen Rückstände des Binders B3 im Verbund wird die Biegefestigkeit nicht beeinträchtigt. Der Binder B1 bleibt als fester Rückstand im Verbund und wirkt somit als Störstelle, was wiederum eine Reduzierung der Biegefestigkeit verursacht.

Die weiteren Untersuchungen konzentrieren sich auf die Binder, die die Biegefestigkeiten des Verbundes nicht beeinträchtigt haben: B2, B3, B4 und B5.

Schlussfolgernd lässt sich bereits feststellen, dass das Aufschmelzen des Binders im Konsolidierungsprozess und die Verträglichkeit der Binder- und Matrixschmelzen von entscheidender Bedeutung sind.

Des Weiteren wird der Einfluss der Binder B2 und B3 auf die Biegefestigkeit des Laminates, welches aus CF-Verstärkungshalbzeugen und einer duroplastischen Matrix aufgebaut ist, getestet. Dazu werden die Binder vollflächig auf den Proben appliziert.

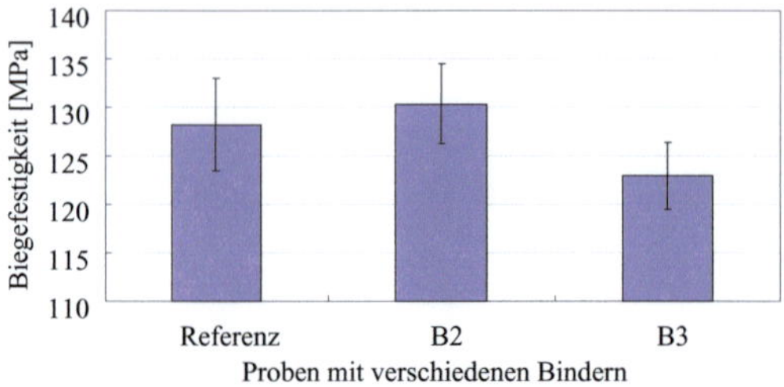

Bild 4.40: Biegefestigkeit σ_f (Laminat aus CF-Multiaxialgelege und Epoxydharz); Mittelwerte über 8 Proben mit Standardabweichung

Wie im Bild 4.40 zu sehen ist, liegen die Werte der Biegefestigkeit der Proben mit dem Binder B2 über den Werten der Referenz (Proben ohne Binder). Die Schliffbilder (siehe Bild 4.41) liefern die Aussage, dass es keine Rückstände des Binders zu beobachten sind. In weitere Vorgehensweise dieser Arbeit wird das Verhalten des Binders B2 im FKV aus CF und Epoxydharz mittels Compuertomographie untersucht.

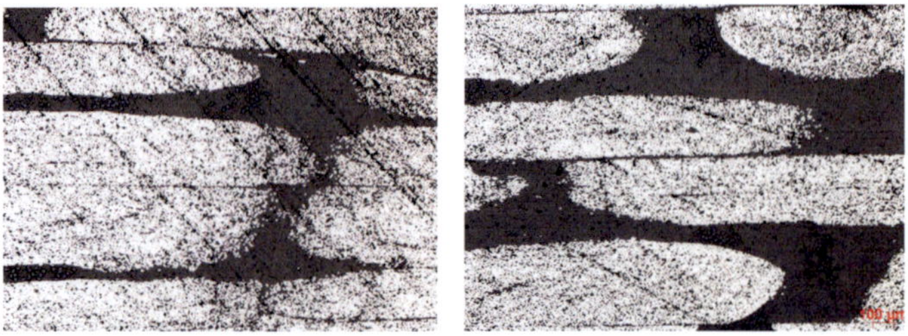

(a) (b)

Bild 4.41: Lichtmikroskopaufnahmen der Probenquerschnitte: (a) Gelege M1 ohne Binder; (b) Gelege M1 mit Binder B2

Ergebnisse und Auswertungen der 3-Punkt-Biegeprüfung mit kurzem Balken

Im Kurzbiegeversuch führen die Schubspannungen durch den konzentrierten Querkraftangriff zum Versagen der Probe. Die Auswertungen im Diagramm (Bild 4.42) für die Kurzbiegeprüfung in der 3-Punkt-Konfiguration zeigen ein ähnliches Ergebnis wie die Langbiegeversuche in der 4-Punkt-Konfiguration.

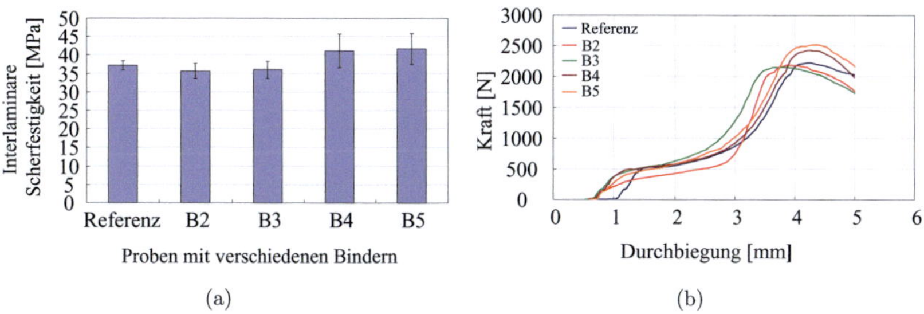

Bild 4.42: (a) Interlaminare Scherfestigkeit τ; Mittelwerte über 8 Proben mit Standardabweichung; (b) Kraft-Durchbiegungs-Kurven; Mittelwerte über 8 Proben

Der Einfluss des Binders (Bindermuster siehe Bild 4.35) im Verbund, bestehend aus Gewebe G2 und PP-Matrix, ist kaum nachweisbar. Die Proben ohne Binder und mit Binder besitzen eine annähernd gleiche interlaminare Scherfestigkeit (siehe Bild 4.42(a)). Die Kraft-Durchbiegungs-Kurven von bebinderten und unbebinderten Proben sind im Bild 4.42(b) dargestellt. Während die Prüfproben mit den Bindern B2 (ohne Feuchtigkeitsvernetzung) und B3 im Vergleich zur Referenz eine höhere Steifigkeit bei nahezu gleicher Maximalkraft aufweisen, führen B4 und B5 zu einer erhöhten Maximalkraft. Bei allen Prüfproben ist bis zu einer Durchbiegung von 5 mm keine Delamination unter dem Mikroskop zu erkennen.

4.4.6 Permeabilitätskennwerte (2D-Messzelle)

Bei der Fertigung einer Preform ist es wichtig zu wissen, welchen Einfluss die Bebinderung der Verstärkungshalbzeuge auf die Permeabilität hat. Mittels Fließsimulation lässt sich das Verhalten der Matrix bei der Injektion vorhersagen. Dazu werden Permeabilitätskennwerte benötigt. Ist der Einfluss des Binders auf die Permeabilität bekannt, können der Injektionsprozess exakt simuliert werden und somit die Abschätzung der Bauteilqualität in einem frühen Entwicklungsstadium erfolgen. Außerdem lassen sich Aussagen über mögliche Prozessgeschwindigkeiten und -sicherheiten ableiten. Diese können zur Prozessoptimierung eingesetzt werden.

Permeabilitätsmesszelle

Die Untersuchungen werden am Institut für Verbundwerkstoffe GmbH Kaiserslautern durchgeführt [ivw09]. Der experimentelle Aufbau einer Permeabilitätsmesseinheit stellt eine effiziente Möglichkeit dar, die ebenen Komponenten des Permeabilitätstensors eines textilen Halbzeuges zu ermitteln. Die eigentliche Messzelle besteht aus einem massiven, zweigeteilten Aluminiumwerkzeug, in welches kapazitive Liniensensoren eingelassen sind (Bild 4.43). Die Sensoren ermöglichen es, die Fließfrontausbreitung innerhalb der geschlossenen Form zu jedem beliebigen Zeitpunkt aufzunehmen. Die Sensorenaufnahme ist im Bild 4.43 zu sehen. Aus der Position der Fließfront lässt sich mit Hilfe der entwickelten Software automatisch die 2D-Permeabilität des zu untersuchenden Halbzeuges bestimmen [ivw09].

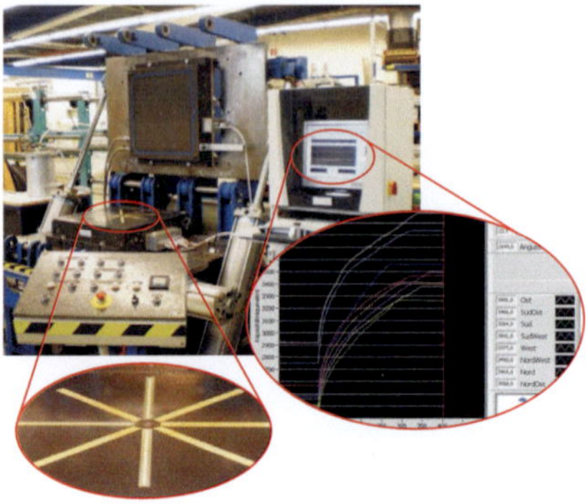

Bild 4.43: Permeabilitätsmessstation [ivw09]

Probenvorbereitung

In Rahmen der Voruntersuchungen wird die Permeabilität des für die Preform eingesetzten Gewebes G2 (siehe Tabelle 4.1) bei einer Kavitätshöhe von 1,45 *mm* und zwei unterschiedlichen Faservolumengehalten (49 % und 53 %) bestimmt. Laut RIEBER und MITSCHANG [RM08, RM10] hat die Kavitätshöhe keinen Einfluss auf die Permeabilität. K1 und K2 beschreiben die Permeabilität in x- und y-Richtung (siehe Bild 4.44). Für jeden Parametersatz werden die Messungen jeweils dreimal durchgeführt. Daraus resultieren sechs Permeabilitätsmessungen für die Charakterisierungsversuche des Referenzmaterials. Um den Faservolumengehalt von 49 % zu erreichen, werden 11, und für den Faservolumengehalt von 53 % 12 Lagen des Gewebes benötigt.

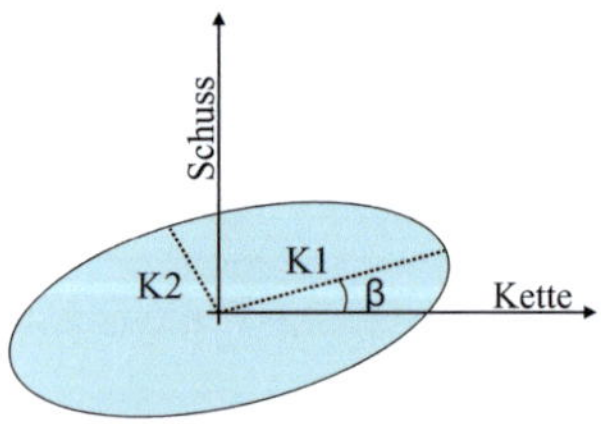

Bild 4.44: Definition der Permeabilitätskennwerte K1, K2 und Orientierungswinkel β [RM08]

Zur Bestimmung des Bindereinflusses auf die Permeabilität wird der gleiche 11- bzw. 12-lagige Aufbau des Glasgewebes verwendet. Die Anzahl der durchgeführten Messungen ist ebenso identisch. Da die Messungen sehr materialaufwendig sind, wird nur ein Binder, und zwar B2, untersucht. Die Auswahl erfolgt aufgrund der vorliegenden guten Untersuchungsergebnisse. Der reaktive Schmelzklebstoff wird auf jede zweite Lage, zeitlich parallel zum Zuschnittprozess, mittels Sprühauftrag vollflächig appliziert. Die Auswertung der Fließfront nach einer lokalen Binderapplikation ist nicht möglich. Der prozentuale Anteil des Binders beträgt 1,6 Gew.-%. Der Laminataufbau ist im Bild 4.45 dargestellt.

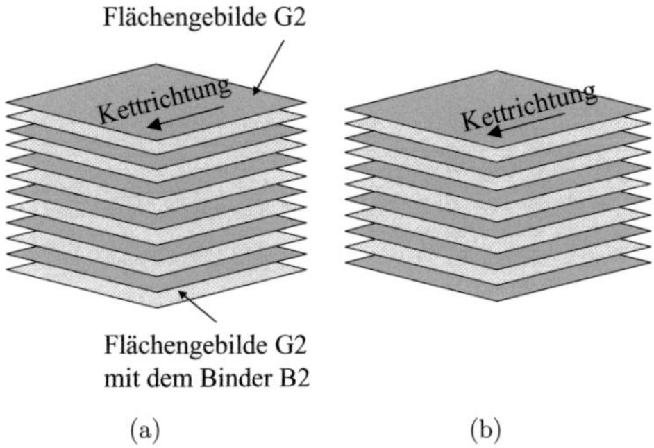

Bild 4.45: Aufbau der bebinderten Proben: (a) 12-lagiger Aufbau für einen Faservolumenanteil von 53 %; (b) 11-lagiger Aufbau für einen Faservolumenanteil von 49 %

Zur Herstellung der zu untersuchenden Binderlaminate werden die bebinderten Proben, den Angaben des Klebstoffherstellers folgend, in einem auf 160°C temperierten Werkzeug 3 *min* auf den Ziel-Faservolumengehalt, also die Kavitätshöhe bei der späteren Permeabilitätsmessung, kompaktiert.

Durchführung der Permeabilitätsmessung und Ergebnisse

Für die Messungen wird ein Pflanzenöl als Injektionsfluid für die Punktinjektion eingesetzt. Das Pflanzenöl wird alternativ zum Harzsystem verwendet, da sich die Viskosität des Öls durch Temperaturveränderung an die Viskosität des einzusetzenden Harzes anpassen lässt. Die Viskosität des Öls wird dazu vorher über einem weiten Temperaturbereich mit einem Spindelviskosimeter bestimmt [RM08]. Die über eine Regressionsgerade erhaltene Funktion kann in die Software zur Permeabilitätsmessung eingegeben werden. Damit wird die Viskosität durch die Temperatureingabe automatisch definiert [RM08]. Neben der Viskosität werden noch der Injektionsdruck und die Fließfrontgeschwindigkeit benötigt. Zur Berechnung der Fließfrontgeschwindigkeit sind mindestens drei Sensorsignale erforderlich, da es sich um eine nullpunktsymmetrische Ellipsenform handelt. Um die Genauigkeit zu verbessern, werden die Mittelwerte von zweimal sechs Sensoren gebildet. Die Berechnung ist sehr komplex und orientiert sich an Douglas und Adams [DAR+87, ARR88].

Im Bild 4.46 ist der Einfluss des Binders auf die Anisotropie dargestellt. Ein Anisotropiewert von eins beschreibt bei der Punktinjektion einen Kreis als Fließfront. Die im unbebinderten Textil stark ausgeprägte Anisotropie wird durch den Bindereinsatz abgeschwächt. Der Faservolumenanteil hat keinen signifikanten Einfluss auf die Anisotropie der Fließfront.

Der Einsatz des Binders hat bei dem niedrigeren Faservolumenanteil keinen signifikanten Einfluss auf die Permeabilität. Der Permeabilitätswert K1 bleibt nahezu unverändert und der Wert K2 wird nur geringfügig angehoben. Bei einem höheren Faservolumenanteil steigt der Bindereinfluss (siehe Bild 4.47). Der Permeabilitätswert K1 sinkt beträchtlich,

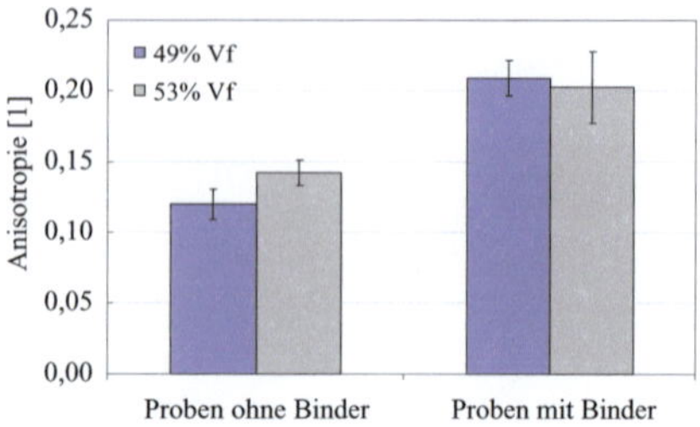

Bild 4.46: Anisotropie in Abhängikeit des Binders für zwei Faservolumengehalte; Mittelwert über 3 Proben mit Standardabweichung

hingegen zeigen sich bei K2 nur minimale Änderungen. Somit nähert sich das Fließverhalten in beiden Richtungen an.

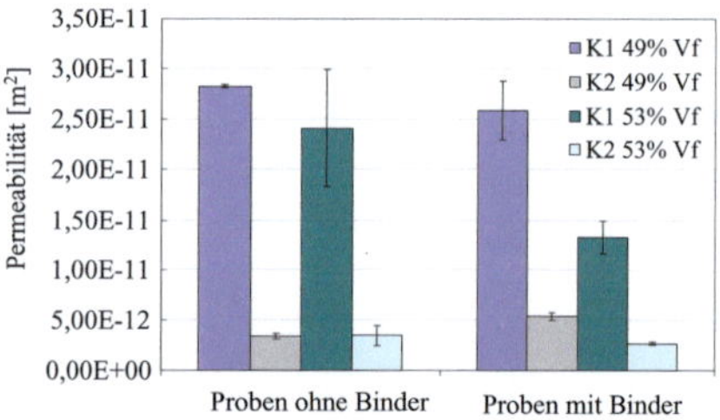

Bild 4.47: Permeabilitätskennwerte K1 und K2 der unbebinderten und der mit Jowatherm-Reaktant POR-Hotmelt 628.90 bebinderten Proben; Mittelwert über 3 Proben mit Standardabweichung

Im Bild 4.48 sind die Fließfronten für den Faservolumengehalt von 53 % dargestellt.

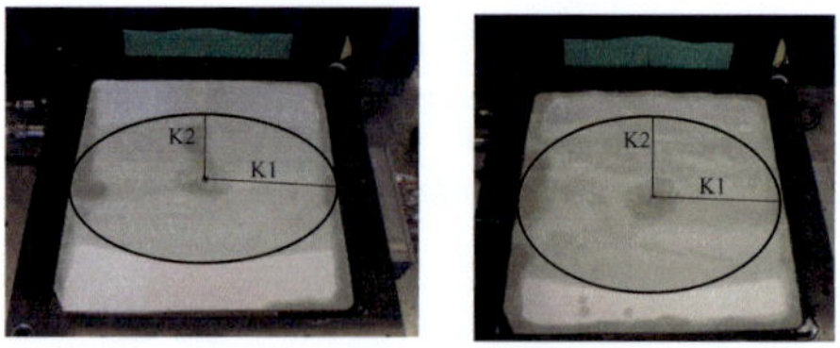

(a) (b)

Bild 4.48: Fließfront: (a) Probe ohne Binder; (b) Probe mit Binder

4.4.7 Zusammenfassung

Die Werte des Grenz- und kritischen Scherwinkels der ausgewählten Verstärkungsstrukturen werden ermittelt und in eine Materialdatenbank des CAD-Systems implementiert, um die nachfolgenden Drapiersimulationen durchführen zu können.

Der Pull out-Versuch liefert Aussagen zur erzielten Fixierwirkung zwischen Binder und Verstärkungsstruktur. Im Vergleich zu den unbebinderten Proben werden ca. dreimal höhere Ausziehkräfte (Bindern B2, B3 und B4) benötigt, um ein Garn aus fixierten Verstärkungsstrukturen zu ziehen. Der sich im Sprühauftrag applizierte Binder B2 haftet an den obersten Faserbündeln, dringt aber nicht in die Tiefe der textilen Flächengebilde ein. Die Binder B3 und B4 fixieren ebenso nur die äußeren Faserbündel. Im Gegenteil dazu dringen die Binder B1 und B5 infolge der niedrigen Viskositäten tief in das textile Flächengebilde ein.

Die Scherprüfung an den bebinderten Proben bestätigt die Vermutung, dass sowohl der Anteil des eingesetzten Binders als auch die Geometrie des Fixierungsmusters einen Einfluss auf die Scherung der textilen Verstärkungsstrukturen haben. Der kritische Scherwinkel nimmt mit zunehmendem Binderanteil ab, wenn die Fixierungslinien parallel zu den Probenrändern verlaufen. Wenn die Fixierungslinien in einem Winkel von 45° zu den Probenrändern in sich kreuzenden Linien aufgebracht werden, hat der Binderanteil kein großen Einfluss auf die Scherung, da bereits bei kleinen Bindermengen ein starkes Herabsetzen des kritischen Scherwinkels festgestellt wird.

Die Ergebnisse der 4-Punkt-Biegeprüfung liefern den Nachweis, dass das Aufschmelzen des Binders im Konsolidierungsprozess (thermoplastische Matrixsystem) und die Verträglichkeit der Binder- und Matrixschmelzen von entscheidender Bedeutung sind. Die Binder B2 ohne Feuchtigkeitsvernetzung, B3 und B4 schmelzen im Konsolidierungsprozess vollständig auf und verbinden sich mit der Matrix. Somit werden die Biegefestigkeiten der Referenz erreicht. Das Gleiche gilt auch für das matrixgleiche Fixierungsmittel PP. Der Binder B1 bleibt als fester Rückstand im Verbund und wirkt somit als Störstelle, was zu einer Reduzierung der Biegefestigkeit führt.

Die Prüfung der interlaminaren Scherfestigkeit liefert die Aussage, dass kein negativer Einfluss des Binders im Verbund (PP-Matrix), aufgebracht auf das GF-Gewebe G2, nachweisbar ist. Die interlaminaren Scherfestigkeiten von fixierten und unfixierten Proben sind ähnlich.

Der Einfluss des Binders B2 auf die Permeabilität nimmt mit steigendem Faservolumengehalt zu. Tendenziell bedeutet dies, dass bei einem höheren Faservolumengehalt und einer zusätzlichen Bebinderung eine zunehmend homogene Fließfront des Injektionsfluides entsteht.

Der Binder B2 hat in allen durchgeführten Untersuchungen gute Ergebnisse erbracht. Eine einfache und reproduzierbare Verarbeitung des Binders hat einen Vorteil gegenüber den weiterhin getesteten Bindern. Aus diesen Gründen wird der Binder für die weiteren Untersuchungen verwendet.

5 Drapieruntersuchungen

Im Rahmen dieses Kapitels wird der Prozessschritt der Verformung (Drapierung) der textilen Verstärkungshalbzeuge detailliert untersucht. Um eine faltenfreie Drapierung der Verstärkungshalbzeuge zu komplexen Bauteilgeometrien ohne Trial und Error zu ermöglichen, werden Kennwerte der textilen Verstärkungsstrukturen zur Beschreibung des Scherverhaltens bestimmt und die Verformung simuliert. Die computerunterstützte Zuschnittgenerierung erfolgt anhand von Referenzgeometrien.

5.1 Beschreibung der Drapierung

Das Scherverhalten ist laut [LC07, HP05, CAB+08, LHD+08, Che92] die wichtigste zu berücksichtigende Kenngröße zur Simulation des Verformungsverhaltens von Verstärkungsstrukturen. Bei der Beschreibung der Drapierung werden die Effekte der Fadendehnung und Fadenstreckung meist vernachlässigt. Laut ERMANNI und ENDRUWEIT [EE07] lassen sich für die Modellierung des Drapierungsverhaltens von bidirektionalen Textilien grob drei Ansätze unterscheiden:

- das kinematische Modell,
- das Elastizitätsmodell und
- das Partikel-Modell.

Das kinematische Modell bildet die Mesostruktur (Fadenebene) der Textilien durch ein geometrisches Muster unter Berücksichtigung der geometrischen Randbedingungen auf einer Oberfläche ab [EE07].

Beim **Elastizitätsmodell** werden die textilen Halbzeuge, die überwiegend anisotrop, teilweise orthotrop dargestellt werden, diskretisiert, um die Deformation und die Fadenorientierungen mittels der Finite-Elemente-Methode zu bestimmen [EE07].

Im **Partikel-Modell** werden mikroskopische Wechselwirkungen abgebildet, die die Eigenschaften des makroskopischen Systems beschreiben. Jeder Fadenkreuzungspunkt wird durch ein Partikel repräsentiert, das die physikalischen Eigenschaften der Verstärkungsstruktur besitzt. Die wahrscheinlichste Anordnung der Kreuzungspunkte wird durch die Ermittlung des Minimums der Partikelenergie bestimmt. Dieser Ansatz erfordert keine Oberfläche für die Ablage des Textils. Somit ist es möglich, die freie Deformation von Textilien unter dem Einfluss der Schwerkraft zu simulieren. Die Faserbiegung wird dabei berücksichtigt [EE07].

Bei der Fertigung von Leichtbaustrukturen mit Textilverstärkungen kann bei der Belegung gekrümmter Körperkonturen aus einer undefinierten Ablage des Verstärkungstextils eine Verschlechterung der mechanischen Eigenschaften des Bauteils resultieren. Um die Verstärkungsstrukturen belastungsgerecht und ohne Nacharbeit in die gewünschte 3D-Bauteilform zu bringen, erfolgt die Zuschnittentwicklung direkt auf dem virtuellen Geometriemodell [Krz05].

Im Rahmen der Arbeit werden zwei Softwarelösungen für die Verformungssimulation und die Zuschnittgenerierung untersucht. Die Simulationen basieren auf dem kinematischen Modell. Um das Simulationsprinzip besser zu verstehen, wird dieses Modell zunächst etwas ausführlicher erklärt.

Kinematisches Modell

Im kinematischen Modell werden nur Deformationen, die auf Scherung beruhen, berücksichtigt. Das Ablegen der bidirektionalen Verstärkungsstruktur auf der Oberfläche der Form wird simuliert. Das Modell liefert geometrische Informationen über die zur Verformung benötigten Scherwinkel. Die mechanischen Eigenschaften der Verstärkungsstruktur gehen in die Modellbildung nicht ein [EE07, VdW91].

Die Kreuzungspunkte der Fadenachsen zwischen den Fäden werden als Gelenke modelliert. Zwischen diesen Kreuzungspunkten verhalten sich die Fäden wie Balken mit konstanter Länge. Ein geometrischer Algorithmus ermöglicht die Bestimmung der Kreuzungspunkte der Verstärkungsstruktur, wenn die Lage eines Kreuzungspunkts auf der Formgeometrie und die Faserorientierungsrichtung in diesem Punkt bekannt sind [EE07, VdW91]. Die Fäden zwischen den Gelenken werden geodätisch auf der Geometrie abgelegt. Die resultierenden Winkel in den Gelenken entsprechen den Scherwinkeln in der Verstärkungsstruktur. Aufgrund der Beschränkung der Scherung zur Realisierung einer faltenfreien Drapierung kann das Ablegen der zu berechnenden Kreuzungspunkte verhindert werden. Dies ist immer dann der Fall, wenn der kritische Scherwinkel überschritten wird [EE07, VdW91].

Auf einer doppelt gekrümmten Geometrieoberfläche können alle Punkte $\overrightarrow{x}$ parametrisch mit Oberflächenkoordinaten u_i dargestellt werden:

$$\overrightarrow{x} = \overrightarrow{x}(u_1, u_2). \tag{5.1}$$

Die elementare Länge dS eines Oberflächensegments zwischen zwei nah beieinander liegenden Punkten ist durch die erste Fundamentalform der Oberfläche

$$dS^2 = G_{ij} du_i du_j \tag{5.2}$$

mit den Koeffizienten

$$G_{ij} = \frac{\partial \overrightarrow{x}}{\partial u_i} \cdot \frac{\partial \overrightarrow{x}}{\partial u_j} \tag{5.3}$$

gegeben.

In Gleichung (5.2) findet die EINSTEINSCHE Summationskonvention Anwendung. Diese besagt, dass über alle in einem Term doppelt auftretenden Indizes automatisch zu summieren ist.

Die biaxial verstärkte Textilstruktur wird mit Koordinaten ν_i entlang der Richtungen der Verstärkungsfäden beschrieben. Die elementare Länge ds eines Abschnitts des deformierten Textils ist gegeben durch

$$ds^2 = (\delta_{ij} + 2E_{ij})d\nu_i d\nu_j. \tag{5.4}$$

E_{ij} bezeichnet die Koordinaten des Green-Lagrange-Tensors mit

$$E_{11} = 0, \quad E_{22} = 0 \quad \text{(keine Fadendehnung) und} \quad 2E_{12} = \cos\alpha, \tag{5.5}$$

d. h. es wird angenommen, dass die Deformation der biaxial verstärkten Textilstruktur unter Schub durch reine Scherung mit dem Faserwinkel α erfolgt. Beim Ablegen des Textils auf die Oberfläche liegt Gleichheit der elementaren Länge eines Oberflächensegments und des entsprechenden Textilabschnitts vor, d. h. es gilt:

$$dS = ds \tag{5.6}$$

und daraus folgt

$$G_{ij}du_i du_j = (\delta_{ij} + 2E_{ij})d\nu_i d\nu_j. \tag{5.7}$$

Durch die Anwendung der EINSTEINSCHEN Summationskonvention und das Einsetzen in (5.7) ergibt sich

$$G_{11}du_1^2 + 2G_{12}du_1du_2 + G_{22}du_2^2 = d\nu_1^2 + 2\cos\alpha d\nu_1 d\nu_2 + d\nu_2^2. \tag{5.8}$$

Die Drapierung einer biaxial verstärkten Textilstruktur auf die Oberfläche ist durch die Gleichung

$$u_i = u_i(\nu_1, \nu_2) \tag{5.9}$$

beschrieben. Durch Einsetzen von

$$\begin{aligned} du_1 &= \frac{\partial u_1}{\partial \nu_1}d\nu_1 + \frac{\partial u_1}{\partial \nu_2}d\nu_2 \quad \text{und} \\ du_2 &= \frac{\partial u_2}{\partial \nu_1}d\nu_1 + \frac{\partial u_2}{\partial \nu_2}d\nu_2 \end{aligned} \tag{5.10}$$

in die Gleichung (5.8), ergibt sich

$$\begin{aligned} ds^2 = &\left[G_{11}\left(\frac{\partial u_1}{\partial \nu_1}\right)^2 + 2G_{12}\frac{\partial u_1}{\partial \nu_1}\frac{\partial u_2}{\partial \nu_1} + G_{22}\left(\frac{\partial u_2}{\partial \nu_1}\right)^2\right]d\nu_1^2 \\ &+ \left[G_{11}\left(\frac{\partial u_1}{\partial \nu_2}\right)^2 + 2G_{12}\frac{\partial u_1}{\partial \nu_2}\frac{\partial u_2}{\partial \nu_2} + G_{22}\left(\frac{\partial u_2}{\partial \nu_2}\right)^2\right]d\nu_2^2 \\ +2&\left[G_{11}\frac{\partial u_1}{\partial \nu_1}\frac{\partial u_1}{\partial \nu_2} + G_{12}\left(\frac{\partial u_1}{\partial \nu_1}\frac{\partial u_2}{\partial \nu_2} + \frac{\partial u_1}{\partial \nu_2}\frac{\partial u_2}{\partial \nu_1}\right) + G_{22}\frac{\partial u_2}{\partial \nu_1}\frac{\partial u_2}{\partial \nu_2}\right]d\nu_1 d\nu_2 \\ &= d\nu_1^2 + 2\cos\alpha d\nu_1 d\nu_2 + d\nu_2^2. \end{aligned} \tag{5.11}$$

Aus dem Koeffizientenvergleich folgt:

$$\begin{aligned} G_{11}\left(\frac{\partial u_1}{\partial \nu_1}\right)^2 + 2G_{12}\frac{\partial u_1}{\partial \nu_1}\frac{\partial u_2}{\partial \nu_1} + G_{22}\left(\frac{\partial u_2}{\partial \nu_1}\right)^2 &= 1 \\ G_{11}\left(\frac{\partial u_1}{\partial \nu_2}\right)^2 + 2G_{12}\frac{\partial u_1}{\partial \nu_2}\frac{\partial u_2}{\partial \nu_2} + G_{22}\left(\frac{\partial u_2}{\partial \nu_2}\right)^2 &= 1 \\ G_{11}\frac{\partial u_1}{\partial \nu_1}\frac{\partial u_1}{\partial \nu_2} + G_{12}\left(\frac{\partial u_1}{\partial \nu_1}\frac{\partial u_2}{\partial \nu_2} + \frac{\partial u_1}{\partial \nu_2}\frac{\partial u_2}{\partial \nu_1}\right) + G_{22}\frac{\partial u_2}{\partial \nu_1}\frac{\partial u_2}{\partial \nu_2} &= \cos\alpha. \end{aligned} \tag{5.12}$$

Die Anfangs- und Randbedingungen sind nötig, um die Gleichungen des kinematischen Models numerisch zu lösen. Als Randbedingung sollen für

$$\nu_1 = 0 \quad \text{und} \qquad \nu_2 = 0 \tag{5.13}$$

die Fäden geodätisch abgelegt werden. Zur numerischen Lösung des nichtlinearen Gleichungssystems (5.12) wird das biaxial verstärkte Halbzeug in ein Netz mit der Kantenlänge d diskretisiert, so dass der Knotenpunkt (i, j) die Koordinaten

$$\nu_1 = id \quad \text{und} \qquad \nu_2 = jd \tag{5.14}$$

aufweist. Die Oberflächenkoordinaten bzw. die räumlichen Koordinaten können dann für jeden Knotenpunkt berechnet und daraus auch der Winkel α bestimmt werden [EE07, VdW91].

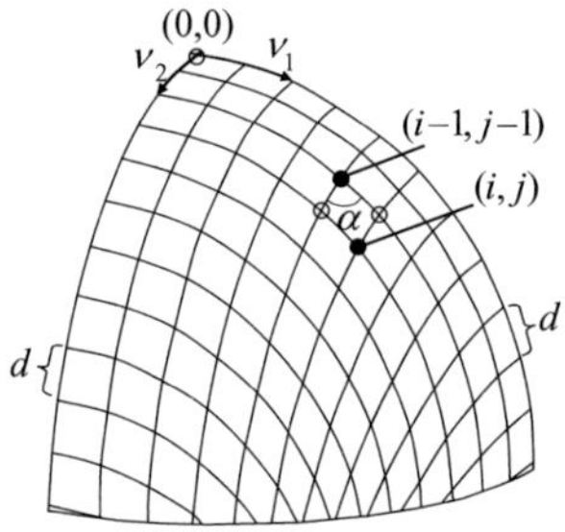

Bild 5.1: Kinematische Simulation der Drapierung auf eine Kugeloberfläche; Diskretisierung des bidirektionalen Textils [EE07, VdW91]

Die Drapiersimulation erfolgt in fünf Schritten:

1. der Anfangspunkt für das Auflegen der Verstärkungsstruktur auf der Oberfläche der Geometrie wird gewählt,
2. die Drapierungsrichtung für die Fäden wird mit $\nu_2 = 0$ bestimmt,
3. die Fäden mit $\nu_2 = 0$ werden entlang einer geodätischen Kurve auf der Oberfläche der Geometrie abgelegt,
4. Schritte 2. und 3. werden für die Fäden mit $\nu_1 = 0$ wiederholt,

5. alle Knoten (i, j) werden durchlaufen und die durch Gleichungen (5.12) gegebenen Bedingungen werden für jede Zelle mit den Knoten (i, j) und $(i-1, j-1)$ erfüllt.

Das Bild 5.1 illustriert das kinematische Modell der Verstärkungsfäden beim Drapieren einer bidirektionalen Verstärkungsstruktur.

Für die Abbildung $u_1(\nu_1, \nu_2)$ können verschiedene Ansätze verwendet werden [VdW91, HP05], die im Rahmen der weiteren Vorgehensweise diskutiert werden.

5.2 Simulationsgestützte Entwicklung der Zuschnitte

Im Rahmen der Arbeit werden für die Drapiersimulation und Zuschnittgenerierung zwei Softwarelösungen eingesetzt:

- *DesignConcept 3D (DC3D)* der Firma Lectra [lec10] und
- *FiberSIM*® der Firma VISTAGY engineer success^{TM} [Fib10].

Die textile Preform muss möglichst exakt der später zu erzielenden Bauteilgeometrie entsprechen. Eine Ausnahme bildet hier die Bauteildicke, die erst nach dem Konsolidierungsprozess erreicht wird. Gute Drapiereigenschaften des zu verarbeitenden Halbzeuges sind erforderlich, um die vorgegebene Geometrie möglichst exakt abbilden zu können. Ziel ist es, den Zuschnitt des Verstärkungstextils so zu gestalten, dass nur geringfügige Materialstauchungen oder -dehnungen entstehen, die vorgegebene Verstärkungsrichtung eingehalten wird und eine faltenfreie Vorformung gewährleistet ist.

5.2.1 Anwendung von DesignConcept 3D (DC3D)

Mithilfe der Softwarelösung *DC3D* kann der Anwender virtuelle 3D-Geometriemodelle erstellen und Machbarkeitsstudien ausführen, die auf einer automatischen Zuschnittgenerierung basieren [lec10, Krz05].

Die Ableitung der Zuschnittkonturen zur Realisierung der gewünschten Bauteilform erfolgt anhand der 3D-Geometrie. Dazu werden auf der Oberfläche Grenzen der Zuschnitte festgelegt. Um die in 3D entworfenen Zuschnitte in der Ebene abbilden zu können, werden die Oberflächen trianguliert[1]. Die Triangulierung kann krümmungsabhängig oder uniform erfolgen.

Das Simulationskriterium besteht darin, die Kantenlängen der Dreiecke, die Winkel im Dreieck sowie die Inhalte der Dreiecksflächen so wenig wie möglich zu verändern.

Das Abwicklungsergebnis[2] wird wesentlich durch zwei Anfangsbedingungen beeinflusst, und zwar den **Startpunkt**[3] und die **Faserorientierungsrichtung** [HP05]. In Konsequenz heißt dies, dass diese Vorgehensweise auch beim praktischen Belegen der kunststofftechnischen Form einzuhalten ist.

[1] Unter Triangulierung versteht man die Zerlegung eines Gebietes in Dreiecke.

[2] Dieser Begriff wird in der Konfektionstechnik üblicherweise für die Abbildung in der Ebene der in 3D entwickelten Schnittteile verwendet.

[3] Der Startpunkt für das Auflegen der Verstärkungsstruktur auf die Oberfläche der Geometrie.

Da die Verstärkungstextilien ein richtungsabhängiges Spannungs-Dehnungs-Verhalten aufweisen können, spielt die Faserorientierung eine wichtige Rolle. Textilverstärkte Kunststoffbauteile werden in der Praxis unterschiedlich beansprucht, so dass die Verstärkungsfäden entsprechend der strukturmechanischen Auslegung ausgerichtet sein müssen. Für die gewählte Referenzgeometrie werden zunächst zwei Faserorientierungsrichtungen, 0° und 45° zur Kettrichtung, vorgegeben.

Unter Einhaltung geometriebasierter Kriterien werden die Abwicklungen erzeugt und die auftretenden Verzerrungen analysiert. Daraus ergeben sich die in den Bildern 5.2 und 5.3 dargestellten Zuschnittvarianten für die Halbkugel (einschließlich der Auflagefläche), die auf die gewünschte Verstärkungsrichtung abgestimmt sind.

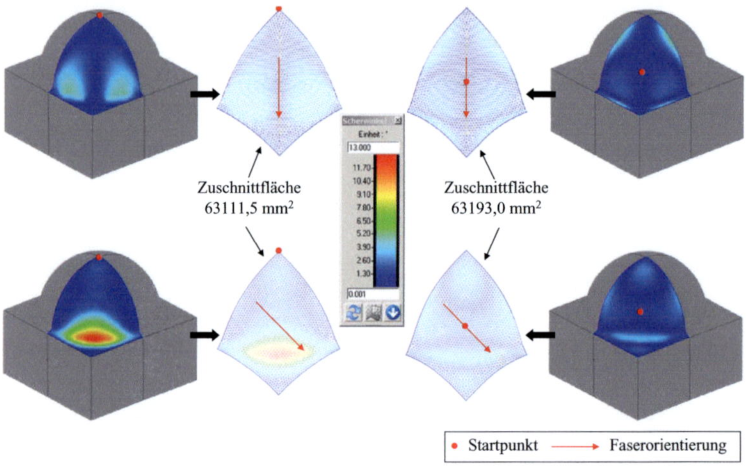

Bild 5.2: Zuschnitt 1 (*DC3C*) mit der Faserorientierung in 0° bzw. 45° zur Kettrichtung, Startpunkt auf der Spitze (Scheitelpunkt) und auf dem Flächenschwerpunkt des Zuschnittes

Die Analyse der Abwicklung weist aus, welche Scherwinkel erforderlich sind, um den Zuschnitt faltenfrei auf das Formwerkzeug drapieren zu können. Durch den Vergleich mit dem experimentell ermittelten kritischen Scherwinkel des Verstärkungshalbzeuges erhält der Konstrukteur die Information, ob die gewählte Zuschnittfestlegung für die zu realisierende Bauteilgeometrie geeignet ist. Es bleibt dem Konstrukteur überlassen zu entscheiden, ob die mit der Scherung verbundenen lokalen Auslenkungen der Verstärkungsfäden für die beanspruchungsgerechte Bauteilauslegung zulässig sind.

Um die gewünschte Wandstärke des Bauteiles zu erreichen, werden mehrere Lagen der Verstärkungsstrukturen benötigt. Die Bauteilgeometrie muss deshalb zur exakten Zuschnittgenerierung entsprechend der Lagendicke im kompaktierten Zustand angepasst werden.

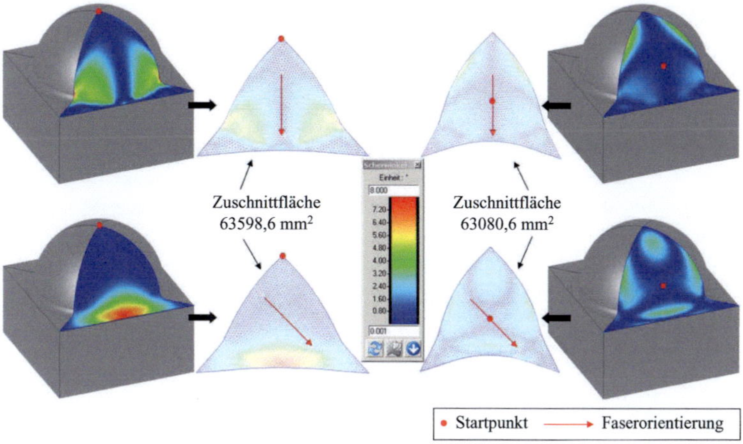

Bild 5.3: Zuschnitt 2 (*DC3C*) mit der Faserorientierung in 0° bzw. 45° zur Kettrichtung, Startpunkt auf der Spitze (Scheitelpunkt) und auf dem Flächenschwerpunkt des Zuschnittes

5.2.2 Anwendung von FiberSIM®

Die Software *FiberSIM®* wird heute von führenden Herstellern in der Luft- und Raumfahrt zur Entwicklung von Faser-Kunstoff-Verbundkonstruktionen eingesetzt.

Die Ableitung der Zuschnittkonturen erfolgt auch hier aus der 3D-Geometrie. Dazu werden, wie bereits beschrieben, die Zuschnittgrenzen auf der Oberfläche definiert. *FiberSIM®* arbeitet direkt auf der CAD-Darstellung des Bauteiles unter Evaluierung der nativen Geometrie ohne Verschiebung und Approximation [Fib09]. Nach der Simulation des Ablegens der Verstärkungsstruktur auf der betrachteten Geometrie stehen Information über die benötigten Scherwinkel zur Verfügung [EE07, VdW91]. Die Simulationsergebnisse werden auf der Oberfläche der Geometrie mittels eines Kurvensets, bekannt als "Faserbahnkurven", die den Endzustand des Halbzeuges nach der Drapierung repräsentieren, dargestellt. Für biaxial verstärkte Strukturen ergibt sich ein Gitternetz auf der Oberfläche des Modells.

Im Unterschied zu *DC3D* verfügt *FiberSIM®* über eine Materialdatenbank, in der die Basiskennwerte und die charakteristischen Größen zur Beschreibung des Scherverhaltens der Verstärkungstextilien hinterlegt werden können. Die Berechnungsergebnisse werden mit den in der Datenbank hinterlegten Werten des Grenzwinkels und des kritischen Winkels bei Scherbeanspruchung verglichen. Die "Faserbahnkurven" sind coloriert dargestellt. Blau visualisiert Bereiche geringer Verzerrung, gelb signalisiert, dass der Grenzwinkel bereits erreicht ist und rot weist darauf hin, dass keine faltenfreie Drapierung möglich ist. Ein Beispiel hierfür zeigt Bild 5.4(a).

Mittels der Analyse zur Bestimmung der Abweichungen von der gewählten Faserorientierungsrichtung bietet *FiberSIM®* eine weitere Kontrollmöglichkeit zur Vermeidung

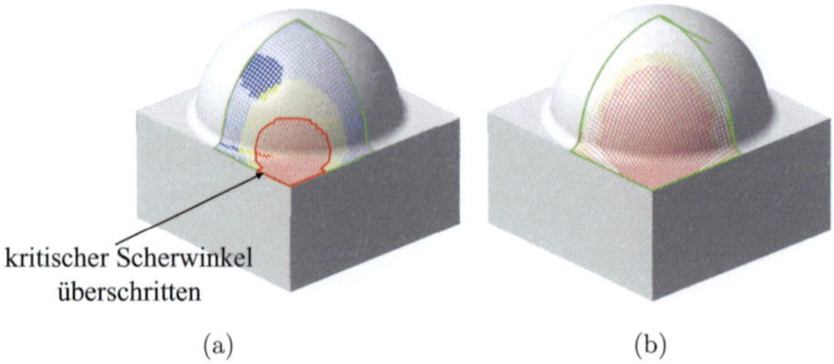

Bild 5.4: Farbliche Darstellung der: (a) Scherdeformationen auf dem Zuschnitt; (b) Abweichung zur definierten Orientierung der Verstärkungsfäden (45° Faserorientierung)

von zahlreichen Iterationsschleifen während der Preformentwicklung. Ein Beispiel ist im Bild 5.4(b) gegeben.

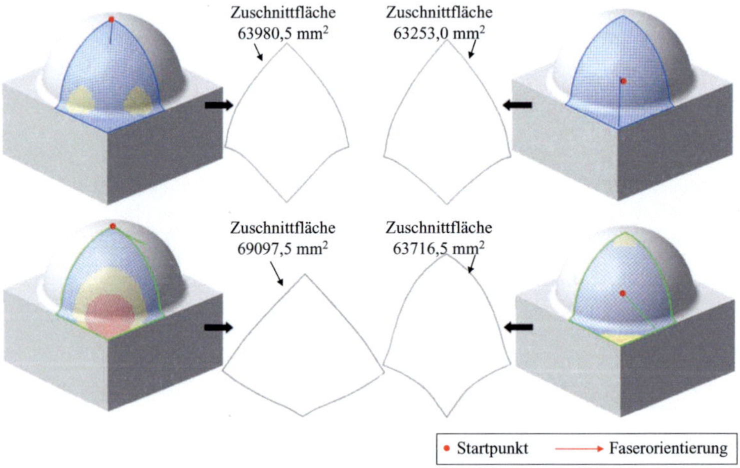

Bild 5.5: Zuschnitt 1 mit Faserorientierungen in 0° und 45° zur Kettrichtung für 2 Positionen des Startpunktes der Simulation

Wie im Bild 5.5 dargestellt, können die Zuschnitte mit den Faserorientierungen 0° und 45° zur Kettrichtung faltenfrei zur gewünschten Bauteilgeometrie verformt werden, wenn der Startpunkt für die Simulation auf dem Flächenschwerpunkt des Zuschnittes liegt. Liegt der Startpunkt zur Simulation der Drapierung auf der Spitze (Scheitelpunkt) des Zuschnittes, können die Zuschnitte mit einer Faserorientierung von 45° zur Kettrichtung nicht faltenfrei drapiert werden. Der Konstrukteur erhält anhand des Simulationsergebnisses eine Information, dass diese Zuschnittvariante einer Modifizierung bedarf. Da der Flächeninhalt des ebenen Zuschnittes sehr stark von dem Flächeninhalt des Counterparts in 3D abweicht, lassen sich Probleme während der Drapierung frühzeitig erkennen

(Bild 5.5). Dabei wird bewiesen, dass sich durch Variation des Startpunktes der Simulation das Ergebnis der Abwicklung optimieren lässt.

5.2.3 Vergleich der Ergebnisse

Die Ergebnisse der Verformungsanalysen beider Softwarelösungen sind ähnlich (siehe Bild 5.6). Wie aus Bild 5.7 und Tabelle 5.1 ersichtlich, unterscheiden sich die berechneten Zuschnitte beider Softwarelösungen jedoch teilweise deutlich.

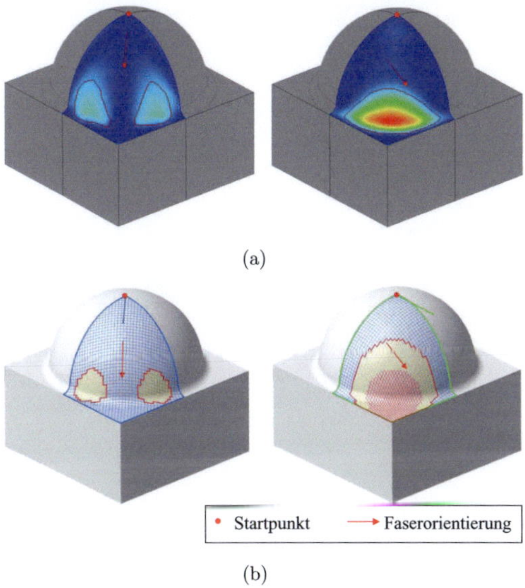

Bild 5.6: Verformungsanalysen: (a) *DC3D*; (b) *FiberSIM®*

Tabelle 5.1: Flächeninhalt der im Bild 5.7 dargestellten Zuschnitte

Zuschnitt	**Fläche der Zuschnitte** [mm^2]		**Differenz der Flächen** [%]
	DC3D	***FiberSIM®***	
a)	63111,5	63980,5	1,4
b)	63111,5	69097,5	9,5
c)	63598,6	64379,5	1,2
d)	63598,6	67261,0	5,7

Um die unterschiedlichen Ergebnisse erklären zu können, werden im Unterabschnitt 5.2.5 die Algorithmen der Softwarelösungen verglichen.

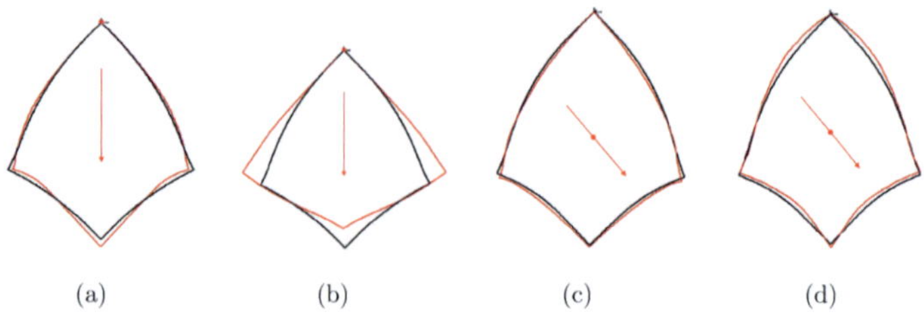

Bild 5.7: Vergleich der mit *FiberSIM®* (rot) und *DC3D* (schwarz) enwickelten Zuschnitte: (a) Startpunkt auf der Spitze des Zuschnittes (Scheitelpunkt), Faserorientierung 0° zur Kettrichtung; (b) Startpunkt auf der Spitze des Zuschnittes (Scheitelpunkt), Faserorientierung 45° zur Kettrichtung; (c) Startpunkt auf dem Flächenschwerpunkt des Zuschnittes, Faserorientierung 0° zur Kettrichtung; (d) Startpunkt auf dem Flächenschwerpunkt des Zuschnittes, Faserorientierung 45° zur Kettrichtung

5.2.4 Experimentelle Drapierung der entwickelten Zuschnitte

Die Drapierversuche werden anhand der Zuschnitte 1 (siehe Bilder 5.2 und 5.5) mit dem Startpunkt auf dem Scheitelpunkt des Zuschnittes durchgeführt. Die Zuschnitte werden auf dem Gewebe G1 gekennzeichnet und zugeschnitten. Anschließend werden die Teilstücke auf dem Formwerkzeug drapiert. Erst wird der Startpunkt des Textilstückes aufgelegt und dann das Textil von diesem Punkt nach unten ausgestrichen.

Wie im Bild 5.8 zu erkennen ist, verändern sich während des Drapiervorganges zum einen die Winkel zwischen den Kett- und Schussfäden der Vertärkungsstruktur und zum anderen die Abstände zwischen den zu Beginn parallel liegenden Verstärkungsfäden. Das Bild 5.8 veranschaulicht die Winkelveränderung zwischen den Verstärkungsfäden. In diesem Bild sind die Kettfäden grün und die Schussfäden rot gekennzeichnet.

Die im Unterabschnitt 5.2.1 durchgeführten Simulationen liefern die Aussagen, dass sich die mit *DC3D* generierten Zuschnitte sowohl in 0° als auch in 45° zur Kettrichtung gut drapieren lassen, wenn sich der Startpunkt auf dem Scheitelpunkt des Zuschnittes befindet. Ähnliche Erkenntnisse liefern auch die experimentellen Drapieruntersuchungen (Bild 5.8).

Die experimentelle Drapierung des *FiberSIM®* Zuschnittes mit der Faserorientierung 0° zur Kettrichtung zeigt, dass infolge der geringen Scherung keine signifikante Veränderung der vorgegebenen Verstärkungsrichtung auftritt, eine Faltenbildung wird nicht detektiert (siehe Bild 5.8(b) links).

Der Zuschnitt mit einer Faserorientierung von 45° zur Kettrichtung lässt keine optimale Verformung zu. Die experimentellen Untersuchungen zeigen, dass aufgrund der Scherung (siehe Bild 5.8(b) rechts), die vorgegebene Verstärkungsrichtung nicht eingehalten werden kann.

Analog zur beschriebenen Vorgehensweise werden alle in den Unterabschnitten 5.2.1 und 5.2.2 dargestellten Zuschnittvarianten auf der Halbkugel drapiert. Anhand der experimentellen Drapieruntersuchungen können die Simulationsergebnisse bestätigt werden.

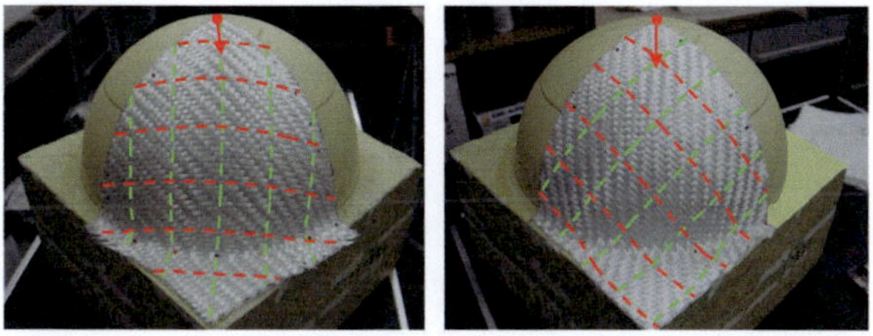

(a)

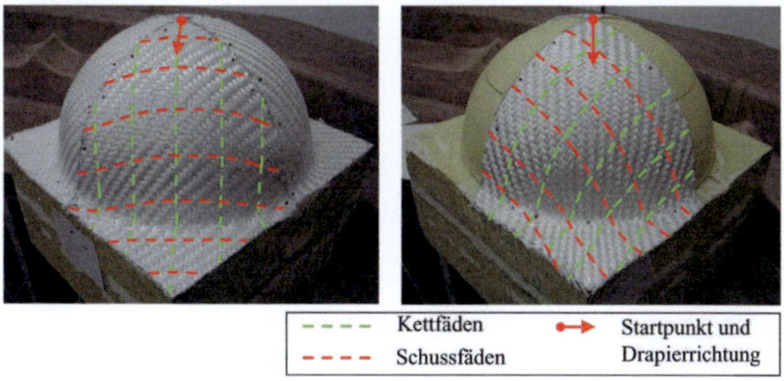

(b)

Bild 5.8: Auf dem Formwerkzeug drapierte Zuschnitte (Startpunkt auf dem Scheitelpunkt des Zuschnittes) mit gekennzeichnetem Fadenverlauf : (a) *DC3D*; (b) *FiberSIM®*

Die Zuschnitte mit dem Startpunkt auf dem Flächenschwerpunkt bilden die vorgegebene Geometrie am besten ab. Alle *FiberSIM®* Zuschnittvarianten, für die in der Simulation eine optimale Verformung vorausgesagt wird, können faltenfrei und mit Einhaltung der Verstärkungsrichtung drapiert werden. Die mit *DC3D* simulierten Zuschnitte konnten ebenfalls faltenfrei drapiert werden. Dem Konstrukteur obliegt aber noch die Entscheidung, ob die mit dem Scherung verbundenen lokale Auslenkungen der Fäden unter Beachtung der beanspruchungsgerechten Bauteilauslegung zulässig sind.

Um zu vergleichen, ob die Simulationsergebnisse mit den experimentellen Ergebnissen übereinstimmen, werden die Scherwinkel an 13 Stellen (siehe Bild 5.9) gemessen. Mit Hilfe der Software *Axiovision®* der Firma CARL ZEISS erfolgt die Winkelmessung an den im Bild 5.9 gekennzeichneten Messpunkten. Die Scherwinkel auf dem virtuellen Zuschnitt werden mittels verfügbaren CAD-Tools gemessen. Der Vergleich der experimentellen und simulierten Scherwinkel ist in der Tabelle 5.2 dargestellt.

Aus der Tabelle ist ersichtlich, dass die bestimmten Scherwinkel des Simulationsergebnisses weitestgehend in den Toleranzbereichen der gemessenen Scherwinkel liegen.

Dennoch stellt sich die Frage, warum sich die Zuschnitte beider Softwarelösungen teilweise deutlich voneinander unterscheiden. Um diese Frage beantworten zu können, werden die Softwarelösungen verglichen.

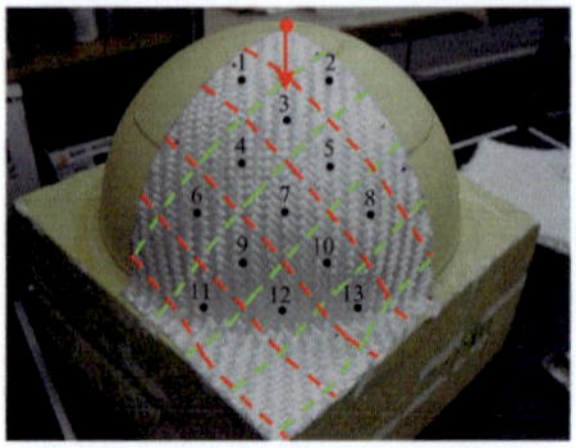

(a)

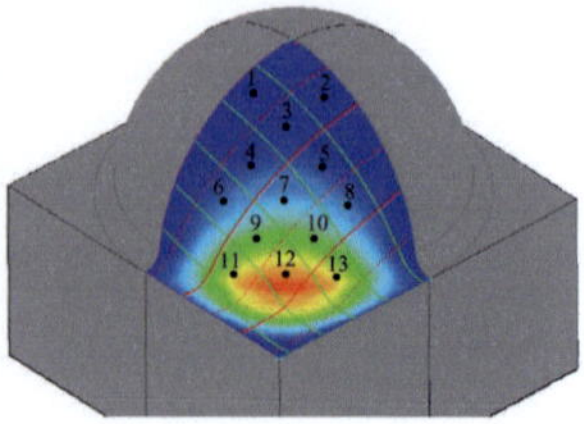

(b)

Bild 5.9: Vergleich der experimentellen und simulierten Scherwinkel auf dem mittels *DC3D* generierten Zuschnitt mit dem Startpunkt für die Drapierung auf dem Scheitelpunkt: (a) physische Drapierung; (b) simulierte Drapierung

Tabelle 5.2: Vergleich der Scherwinkel des Experimentes und der Simulation (Startpunkt auf dem Scheitelpunkt des Zuschnittes)

	Experiment - Scherwinkel [°]	**Simulation - Scherwinkel [°]**
Messpunkt 1	1,0 ± 0,2	0,8
Messpunkt 2	1,2 ± 0,2	0,7
Messpunkt 3	2,8 ± 0,2	3,1
Messpunkt 4	3,8 ± 0,2	4,1
Messpunkt 5	0,7 ± 0,2	1,0
Messpunkt 6	4,6 ± 0,2	4,6
Messpunkt 7	4,0 ± 0,2	4,2
Messpunkt 8	4,2 ± 0,2	3,5
Messpunkt 9	8,0 ± 0,2	8,5
Messpunkt 10	9,0 ± 0,2	9,2
Messpunkt 11	12,0 ± 0,2	12,2
Messpunkt 12	16,0 ± 0,2	16,5
Messpunkt 13	15,0 ± 0,2	15,0

5.2.5 Vergleich der Softwarealgorithmen

In der Tabelle 5.3 sind die in den Unterabschnitten 5.2.1 und 5.2.2 dargestellten Erfahrungen der Softwarenutzung zusammengefasst.

Um eine Klärung herbeizuführen, werden intensive Literaturrecherchen zur Drapierung bidirektional verstärkter Flächengebilden auf doppelt gekrümmten Oberflächen durchgeführt [VdW91, EE07, BC89, WC89, PC90, LIV+07]. Daraus resultiert, dass die untersuchten Softwarelösungen auf zwei Algorithmen (**Fischnetz**-*FiberSIM®*, **Mosaik**-*DC3D*) basieren, die im weiteren näher dargestellt und diskutiert werden sollen.

Das bidirektional verstärkte Halbzeug wird im **Fischnetz**-Algorithmus (the fishnet algorithm) durch einen Netz von sich kreuzenden Fäden, die auf die Oberfläche entlang geodätischer Kurven angeordnet sind, repräsentiert. Im Schritt (5) des kinematischen Modells (Basis-Algorithmus, siehe Abschnitt 5.1) wird eine frei gewählte Zelle betrach-

Tabelle 5.3: Vergleich der Softwarelösungen

Software	Deformation	Drapiersimulation	Farbdarstellung zur Machbarkeitsanalyse
DC3D	durch Scherung	die Oberfläche der in 3D entworfenen Zuschnitte wird trianguliert, um die Abwicklung zu realisieren	Farbdarstellung der zur Abwicklung benötigten Scherwinkel (Farbdarstellung materialunabhängig)
FiberSIM®	durch Scherung	arbeitet direkt auf der CAD Darstellung des Bauteiles unter Evaluierung der nativen Geometrie ohne Verschiebung und Approximation	unterschiedliche Farben liefern dem Konstrukteur die Aussage, ob der berechnete Zuschnitt des konkreten Verstärkungshalbzeuges die gewünschte Verformung zulässt (Scherwinkel, Faserorientierung)

tet. Zwei neben dem unteren linken Kreuzungspunkt angeordnete Kanten sind bestimmt. Die Startrichtungen der geodätischen Kanten, beginnend von dem oberen linken und dem unteren rechten Kreuzungspunkt, deren Endpunkte sich treffen müssen, werden ermittelt. Die Berechnungsvorschrift wird als Minimierungsproblem des Abstandes zwischen zwei Endpunkten formuliert. Da die Auswertung der Zielfunktion die Integration eines Differentials für geodätische Kurven gegebener Länge d beinhaltet, ist das Problem analytisch nicht lösbar. Infolgedessen werden Gradient und Hessematrix numerisch mit der Methode der finiten Differenzen berechnet [VdW91].

Eine geodätische Kante wird ermittelt, in dem der Verstärkungsfaden auf der Oberfläche parametrisch durch die Gleichung (5.1) unter Verwendung von

$$\begin{aligned} u_1 &= u_1(\nu) \\ u_2 &= u_2(\nu) \end{aligned} \tag{5.15}$$

definiert wird. Dabei bezeichnet ν die Bogenlänge. Wenn

$$\frac{d\overrightarrow{x}}{d\nu} \cdot \frac{d\overrightarrow{x}}{d\nu} = 1 \tag{5.16}$$

und

$$\frac{d\overrightarrow{x}}{d\nu} = \frac{\partial \overrightarrow{x}}{\partial u_1} {u_1}' + \frac{\partial \overrightarrow{x}}{\partial u_2} {u_2}' \tag{5.17}$$

ist, ist der Verstärkungsfaden nicht dehnbar.

Die Fadenlage wird als geodätisch bezeichnet, wenn sich die ortsabhängige Normale zur Kurve und die Normale zur Oberfläche treffen [VdW91]. Dies kann wie folgt formuliert werden:

$$\frac{d^2\overrightarrow{x}}{d\nu^2} = \frac{1}{\rho}\bar{n}. \tag{5.18}$$

Hier wird die Krümmung mit $1/\rho$ beschrieben. Mit der Gleichung

$$\bar{n} = \frac{\bar{J}}{|\bar{J}|} \tag{5.19}$$

wird die Normale zur Oberfläche berechnet, wobei

$$\bar{J} = \frac{\partial \overrightarrow{x}}{\partial u_1} \times \frac{\partial \overrightarrow{x}}{\partial u_2} \tag{5.20}$$

ist. Die Differenzierung der Bedingung (5.16) ergibt

$$\left(\frac{\partial \overrightarrow{x}}{\partial u_k} u'_k\right) \left(\frac{\partial^2 \overrightarrow{x}}{\partial u_i \partial u_j} u'_i u'_j + \frac{\partial \overrightarrow{x}}{\partial u_i} u''_i\right) = 0. \tag{5.21}$$

Unter der Berücksichtigung von (5.18) folgt

$$\begin{Bmatrix} u''_1 \\ u''_2 \\ 1/\rho \end{Bmatrix} = -\begin{bmatrix} \frac{\partial \overrightarrow{x}}{\partial u_1} & \frac{\partial \overrightarrow{x}}{\partial u_2} & -\bar{n} \end{bmatrix}^{-1} \left\{ \frac{\partial^2 \overrightarrow{x}}{\partial u_i \partial u_j} u'_i u'_j \right\}. \tag{5.22}$$

Die ersten zwei Reihen sind Differentiale zweiten Grades für krummlinige Koordinaten $u_{k'}$, während die dritte Reihe zusätzlich die Krümmung liefert. Die Anfangsbedingungen für Gleichung (5.22) im Startpunkt sind $u_1(0)$ und $u_2(0)$, wobei du_2/du_1 die adäquaten Werte für die Startorientierungsrichtung darstellen. Die Werte $u'_1(0)$ und $u'_2(0)$ beinhalten die Normalisierungsbedingungen (5.16) [VdW91].

Der **Fischnetz**-Algorithmus liefert akkurate Ergebnisse, ist allerdings sehr rechenintensiv [VdW91].

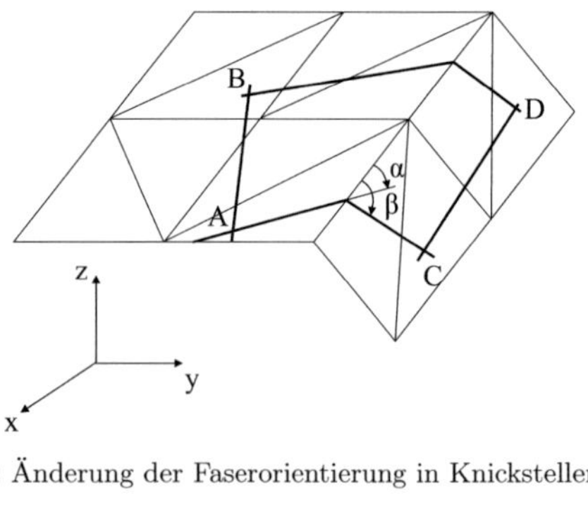

Bild 5.10: Änderung der Faserorientierung in Knickstellen [VdW91]

Van der Weeën hingegen beschreibt die Oberfläche einer Modellgeometrie mit planaren Dreiecken, auch als **Mosaik**-Algorithmus bezeichnet [VdW91, LIV+07]. Bei komplexen Oberflächen wird eine Vielzahl von Elementen für die präzise Approximation einer Krümmung benötigt. Eine geodätische Kurve wird mittels solcher Mosaikoberflächen auf eine Zickzack-Kurve reduziert (siehe Bild 5.10). Wenn der Startpunkt und die Faserorientierung gegeben sind, können hintereinander liegende Knotenpunkte unkompliziert auf den Kanten des Mosaiks definiert werden. Die Faserrichtung zu Beginn des folgenden Dreieckes ergibt sich aus der Betrachtung, dass sich der Winkel zwischen dem Faden und der Kante von Dreieck zu Dreieck nicht ändert ($\alpha = \beta$ im Bild 5.10). Sind die Trajektorien AB und AC einer beliebigen Zelle ABCD gegeben, müssen die Anfangsrichtungen der Trajektorien BD und CD derart definiert werden, dass sich die Endpunkte in D schneiden. Dies entspricht wiederum einem Minimierungsproblem, welches bereits für den Fischnetz-Algorithmus erläutert wurde [VdW91].

Die Güte des Mosaik-Algorithmus wird infolge der Diskretisierung der Oberfläche durch einen konstanten Fehler beeinträchtigt [VdW91].

Im Bild 5.11 werden die Rechenergebnisse (Zuschnittfläche als Funktion der Zeit) beider Softwarelösungen verglichen. Die Tests werden anhand der in den Bildern 5.2 und 5.5 dargestellten Zuschnitte (Startpunkt für die Drapiersimulation auf dem Flächenschwerpunkt) durchgeführt. Jede Zuschnittvariante wird fünfmal bei variierenden Parametern (Meshlänge bzw. fiber spacing factor) in der Ebene abgelegt und die Mittelwerte werden ausgerechnet. Mit Hilfe des Diagramms ist deutlich erkennbar, dass die Güte des Rechenergebnisses beider Softwarelösungen durch einen systematischen Fehler beeinflusst wird. Bei der Software *DC3D* wird der Fehler mit zunehmender Rechenzeit monotonisch kleiner. Dies ist ein gutes Ergebnis.

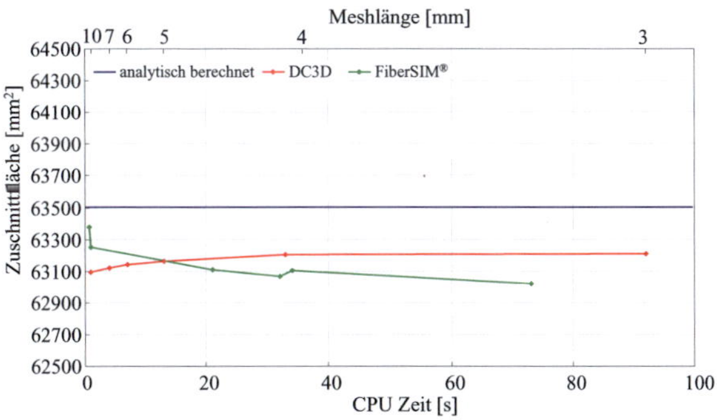

Bild 5.11: Zuschnittfläche als Funktion der Zeit

Der *FiberSIM*® Algorithmus liefert in den ersten Sekunden, verglichen mit *DC3D*, genauere Ergebnisse. Danach wird der Fehler immer größer. Beide Softwarelösungen werden hinsichtlich der Abweichungen zur analytisch ermittelten 3D-Oberfläche betrachtet.

5.2.6 Mehrlagiges Stapeln und anschließendes gemeinsames Drapieren

FKV-Bauteile bestehen in der Regel aus mehreren Einzellagen der Verstärkungsflächen. Um die Taktzeiten der Preformherstellung reduzieren zu können, ist es wünschenswert, mehrere Lagen aufeinander zu stapeln und diese Lagenpakete in das Formwerkzeug zu drapieren. Wichtig ist dabei, die Lagenpakete so zu gestalten, dass die gewünschte Formgebung trotz der erhöhten Biegesteifgkeit gewährleistet und die Verstärkungsrichtung eingehalten werden. Das mehrlagige Drapieren wird in dieser Arbeit zunächst anhand eines Anwendungsbeispieles getestet.

5.3 Zusammenfassung

Preforms für komplexe Bauteile können durch das Fügen mehrerer Zuschnitte hergestellt werden (sequentielles Preforming). Zur computerunterstützten Zuschnittgenerierung werden Softwarelösungen *DC3D* und *FiberSIM*® eingesetzt. Bei der Software *FiberSIM*® fließen zur Darstellung der Machbarkeit der gewünschten Deformation die hinterlegten Materialeigenschaften, insbesondere das Scherverhalten der trockenen Verstärkungsstrukturen, ein.

Die durchgeführten Untersuchungen zeigen, dass sich die Berücksichtigung der Verstärkungsfadenorientierung erheblich auf die Qualität der späteren Preform auswirkt. Somit ist es wichtig, das Optimum zwischen den strukturmechanischen Anforderungen und den Möglichkeiten der Formgebung (Zerlegung in einzelne Zuschnitte) für jeden Einsatzfall genau zu ermitteln. Die angewandten Simulationswerkzeuge können hierbei sehr hilfreich sein und führen zu einer Reduzierung der benötigten Entwicklungszeiten.

6 Lokale Fixierung

Die im Kapitel 5 durchgeführte Drapieranalyse wird in den nachfolgenden Betrachtungen zur Festlegung der Fixierungszonen genutzt. Die Untersuchungen werden anhand der computergestützt generierten Zuschnitte (siehe Bilder 5.2 und 5.3) durchgeführt. Um die lokale Fixierung möglichst genau an Garnfeinheiten, -dichten und Bindungsvarianten der Verstärkungsstruktur anpassen zu können, werden die Strukturen geometrisch modelliert.

6.1 Ermittlung der Fixierungszonen

Beim Verformen und Einlegen der textilen Halbzeuge zum Aufbau einer Preform spielt, wie bereits erwähnt, die Drapierbarkeit eine entscheidende Rolle. Da die flexiblen, textilen Flächen in der Anwendung sehr empfindlich sind, besteht die Gefahr, dass die Verstärkungsfäden bei der Handhabung undefiniert verschoben werden und sich Randfäden, insbesondere bei spitzwinkligen Konturen, lösen oder verschieben können. Um diesen Schäden entgegen zu wirken, können Fixierungsmittel in Form von Bindern auf die textilen Halbzeuge aufgetragen werden. Bei einem vollflächigen Auftrag des Binders wird die Formstabilität des Halbzeuges wesentlich erhöht, was aber in der Regel zur Einschränkung einer faltenfreien Verformung führt. Aus diesem Grund werden nur Teilbereiche des vorkonfektionierten Halbzeuges fixiert [KRJ07].

Laut des Patentes DE 2007-102007032904 [KRJ07] sind Bereiche, die nur geringe Verschiebungen durch die Vorformung erfahren, als lokale Fixierungsstellen geeignet. Diese wurden in den Unterabschnitten 5.2.1 und 5.2.2 durch Berechnung und Analyse der Abwicklungen ermittelt. Die fixierten Bereiche können linienförmig oder flächenhaft angeordnet werden. Für die halbkugelähnliche Referenzgeometrie wird die Strukturfixierung linienförmig, wie im Bild 6.1 gezeigt, ausgerichtet. Die Fixierungslinien verlaufen längs- und quer des Zuschnittes, so dass alle längs- und querliegenden Fäden fixiert werden. Dies verhindert das Herausfallen der Randfäden ohne die Kanten des Zuschnittes zu fixieren [GKR+10]. Die Menge des Fixierungsmittels wird verfahrensgemäß minimiert, um eine gute Verformbarkeit der Verstärkungsstrukturen zur Preform zu erhalten.

6.2 Anpassung der lokalen Fixierung an die Flächengebildestruktur

Aufgrund der deutlich unterschiedlichen Flächengebildestrukturen ist es notwendig, die Maßnahmen zur Strukturfixierung auf die verwendeten textilen Halbzeuge abzustimmen. Dazu werden diese hinreichend genau modelliert (siehe Bild 6.3). Die Modellierung erfolgt auf Basis mikroskopischer Untersuchungen.

Für die 3D-Gewebemodellierung sind folgende Parameter erforderlich:

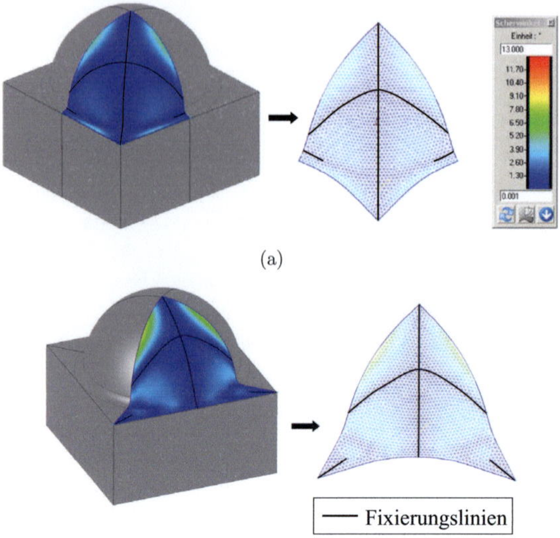

(a)

(b)

Bild 6.1: Festlegung der Fixierungslinien auf der Halbkugel: (a) *DC3D* Zuschnitt 1 mit 0° Faserorientierung; (b) *DC3D* Zuschnitt 2 mit 0° Faserorientierung

- die Breite der Kett- und Schussfäden,
- die Dicke des Gewebes,
- der Abstand zwischen den Fadenzentren normal zur Gewebeebene (siehe akz im Bild 6.2(a)),
- der Abstand zwischen den Fadenzentren in der Gewebeebene (siehe h im Bild 6.2(b)).

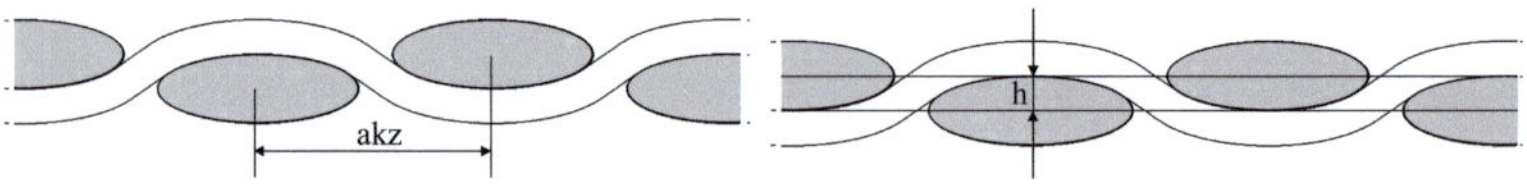

(a) (b)

Bild 6.2: Die Abstände zwischen den Fadenzentren: (a) normal zur Gewebeebene; (b) in der Gewebeebene

Nach der Parameterermittlung folgt die Modellierung der im Rahmen der Arbeit eingesetzten Gewebe (siehe Tabelle 4.1). Die modellierten Flächengebildestrukturen sind im Bild 6.3 dargestellt.

Durch die Modellierung der Gewebe ist es möglich, die Zuschnittkonturen und die Strukturen der textilen Halbzeuge miteinander zu "koppeln", um die Zonen lokaler Fixierung

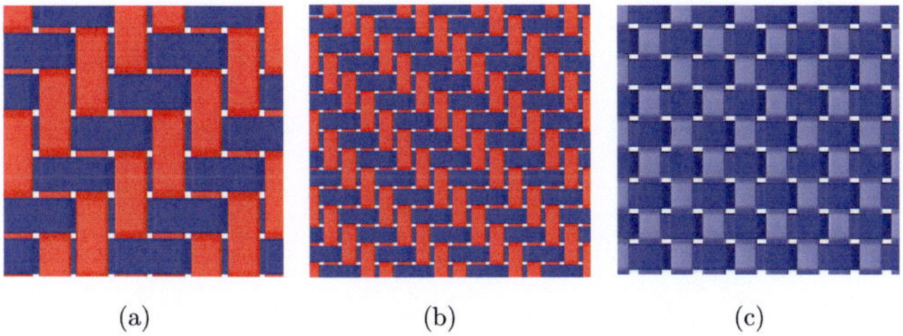

Bild 6.3: 3D-Geometriemodelle (nicht maßstäblich): (a) Gewebe G1; (b) Gewebe G2; (c) Gewebe G3

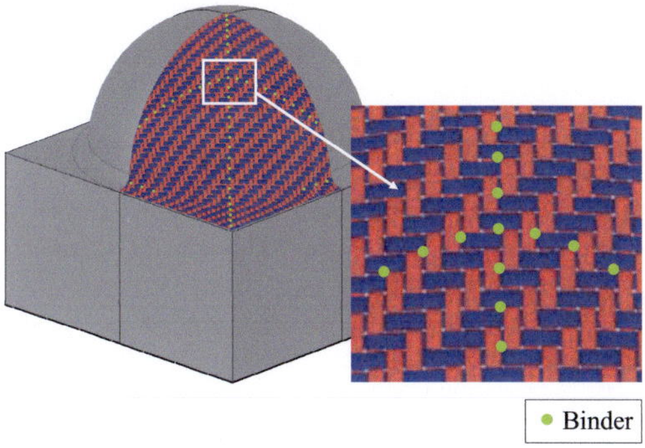

Bild 6.4: Matching der Gewebestruktur G1 (siehe Tabelle 4.1) auf der Halbkugel

auf die Struktur abzustimmen (siehe Bild 6.4).

Die hierbei angewandte Methode der Strukturmodellierung ist ziemlich aufwendig und deshalb in der industriellen Praxis für die Vielfalt der eingesetzten Verstärkungsstrukturen kaum realisierbar. Deshalb wird eine weitere Methode, die eine virtuelle Kontrolle der Lage der Verstärkungsfäden ermöglicht, entwickelt. Auf dem in *DC3D* berechneten 2D-Zuschnitt wird ein Raster, welches den Fadenverlauf der Verstärkungsstruktur abbildet, gezeichnet und auf das virtuelle Formwerkzeug verzerrungsgerecht projiziert (siehe Bild 6.5).

Somit erhält man eine genaue Aussage, auf welche Stellen der Verstärkungsstruktur der Binder aufgetragen werden soll, um die im Abschnitt 6.1 ermittelten Fixierungsmuster zu realisieren und alle Fäden des Zuschnittes zu fixieren. So kann der Binder z. B., wie im Bild 6.4 zu sehen, punktförmig auf jede zweite Kreuzung der Fadensysteme aufgetragen werden.

6.3 Fertigung der Beispielgeometrie

Die angestrebte Preform soll möglichst endkonturnah zur Halbkugel gefertigt werden.

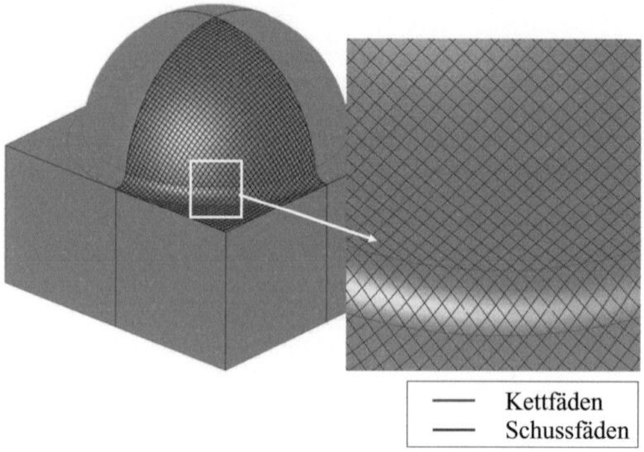

Bild 6.5: Virtuelle Kontrolle der Lage der Verstärkungsfäden

Auf Basis der *DC3D* simulationsgestützten Zuschnittentwicklung (siehe Bilder 5.2 und 5.3) werden zwei Zuschnittkonturen, Zuschnitt 1 und Zuschnitt 2, erzeugt und in 0° zur Kettrichtung aus dem Gewebe G2 (siehe Tabelle 4.1) zugeschnitten. Zur Fixierung wird der Binder B2 (siehe Tabelle 4.4) ausgewählt. Dieser Binder hat bei den prüftechnischen Untersuchungen an den Verstärkungsstrukturen (Scherverhalten) und dem Verbund (interlaminare Scherfestigkeit und Biegefestigkeit) ein gutes bis sehr gutes Ergebnis gezeigt und lag teilweise über der unbebinderten Referenz. Der Binder wird im Sprühauftrag appliziert. Diese Auftragsvariante wird im Hinblick auf die spätere Automatisierbarkeit ausgewählt.

6.3.1 Einfluss des Binders auf das Drapierverhalten der Zuschnitte

Die Zuschnitte werden in der Ebene fixiert und danach auf dem Formwerkzeug drapiert. Der Sprühauftrag erfolgt bei diesen Versuchen mit einer Handdruckluftpistole für Schmelzklebstoffe (siehe Sektion 4.4.2). Die Linienbreite kann durch den Abstand zur Auftragsfläche bzw. die eingesetzte Düsenform verändert werden. Während der Formgebung bilden sich keine Falten und der Zuschnitt legt sich sehr gut an das Formwerkzeug an. Die Geometrieänderungen erfolgen entsprechend der Simulation, Randfäden fallen nicht aus (siehe Bild 6.6).

Der Zuschnitt 2 wird, wie im Bild 6.1(b) dargestellt, fixiert.

6.3.2 Lagenaufbau zur fertigen Preform

Der Zuschnitt kann einlagig oder mehrlagig erfolgen. Durch den Einsatz von Methoden zur optimalen Schnittbildgestaltung werden die für das Bauteil benötigten Zuschnitte so auf dem textilen Halbzeug angeordnet, dass eine belastungsgerechte Verstärkung bei gleichzeitiger Minimierung der Produktionsabfälle erzielt wird. Künftig kann das Aufbringen der gewählten Fixierungsmittel (B2) parallel zum Lege- und Zuschnittprozess erfolgen.

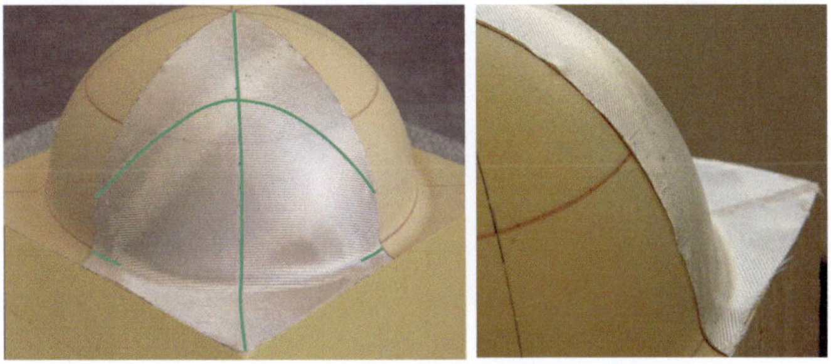

Bild 6.6: Fixierlinien anhand des Zuschnittes 1 (grün-Fixierlinien)

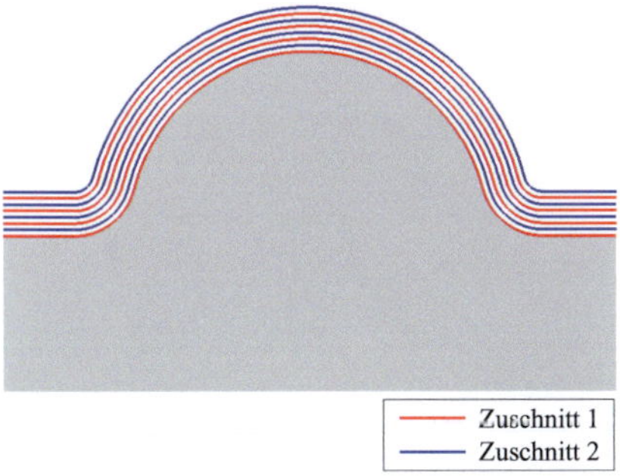

Bild 6.7: Lagenaufbau der Preform

Um die gewünschte Dicke des Bauteiles von im Beispiel 2 mm im konsolidierten Zustand zu erzielen, werden acht Gewebelagen gestapelt. Bei der Verarbeitung mehrerer Lagen muss die Zuschnittgenerierung exakt auf die Lagenhöhe im kompaktierten Zustand abgestimmt werden. Dies ist durch die Erstellung von Offsetflächen[1] mit *DC3D* leicht ausführbar. Bild 6.7 zeigt den Preformaufbau, bei welchem die Lagen abwechselnd aus Zuschnitt 1 und Zuschnitt 2 drapiert werden. Damit liegen die Stoßstellen im Bauteil nicht übereinander. Die erzielte Preform ist endkonturnah und eigenstabil (siehe Bild 6.8).

Um die nach der Preformfertigung auftretenden Geometrieabweichungen zu quantifizieren, wird diese digitalisiert und mit den Ausgangsdaten verglichen (siehe Bild 6.9). Dazu wird der nach einem optischen Messprinzip (Streifenprojektion) arbeitende 3D-Scanner ATOS-HR der Firma GOM GmbH [gom06] eingesetzt. Um eine genaue Auswertung auf Basis einer hohen Auflösung zu erhalten, wird das Messfeld 120 mm x 120 mm ausgewählt. Die Scandaten können mittels der Software Geomagic Qualify [geo06] verarbeitet und die Differenzen zur Ausgangsgeometrie mittels Falschfarbendarstellung ausgewertet werden. Die mittels Binder auf Stoß verbundenen Zuschnitte weisen ohne zusätzliche

[1]Eine Offsetfläche ist eine in Richtung der Flächennormalen um einen bestimmten Betrag, bezogen auf die Ausgangsfläche, verschobene Fläche [Krz05].

(a) (b) (c)

Bild 6.8: (a) Fertige Preform; (b) Eigenstabile Preform; (c) Bauteil

Kompaktierung nur geringe Abweichungen zum Formwerkzeug auf.

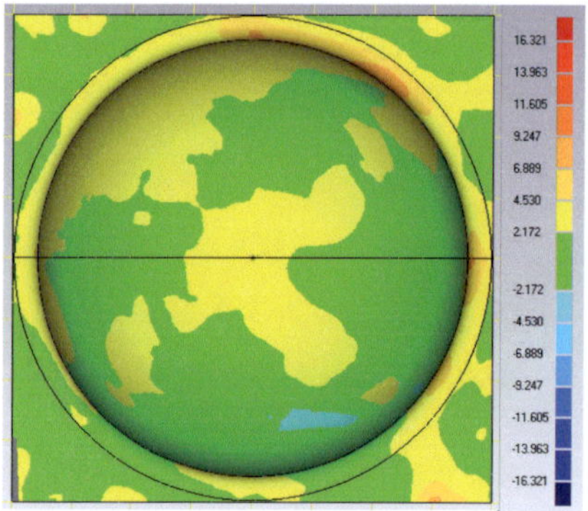

Bild 6.9: Differenzen zur Ausgangsgeometrie

6.4 Zusammenfassung

Durch den Einsatz von Methoden zur optimalen Schnittbildgestaltung können die für das Bauteil benötigten Zuschnitte so auf dem textilen Halbzeug angeordnet werden, dass eine belastungsgerechte Verstärkung bei gleichzeitiger Minimierung der Produktionsabfälle erzielt wird. Nach der angewandten lokalen Fixierung ist die Preformhandhabung einfacher und die Drapierung kann schneller ausgeführt werden. Die erzielte Preform ist endkonturnah und eigenstabil. Sie kann somit problemlos vom Formwerkzeug abgenommen und temporär gelagert werden, bevor die eigentliche Konsolidierung ausgeführt wird. Die Preformfixierung kann parallel zum Zuschnitt erfolgen, so dass kein zusätzlicher Prozessschritt in der Preformfertigungskette erforderlich ist. Aufgrund der besseren Handhabung und reproduzierbaren Drapierung können die Taktzeiten signifikant reduziert werden.

7 Anwendung der lokalen Fixierung an einem Praxisbauteil

Das Ziel der bisherigen Arbeit besteht darin, theoretisch und experimentell an einem generischen Bauteil zu beweisen, dass es konfektionstechnisch möglich ist, reproduzierbare Preforms herzustellen. Dazu werden die Zuschnitte für die Preform generiert (siehe Kapitel 5), Zonen für die lokale Fixierung ermittelt (siehe Kapitel 6), geeignete Fixierungsmittel ausgewählt und aufgetragen (siehe Kapitel 4). Da die erzielten Ergebnisse erfolgversprechend sind, wird hier der Einsatz der vorgeschlagenen Methodik an einem praxisrelevanten Bauteil demonstriert.

7.1 Hintergrund der Arbeiten

Um das Kosten- und Gewichtspotential von FKV im zivilen Flugzeugbau voranzutreiben, werden derzeit verstärkt innovative Bauweisenkonzepte entwickelt, die im Hinblick auf ihre geometrische Komplexität deutlich höhere Ansprüche stellen als konventionelle CFK-Stukturen [Spe07]. Im Rahmen des Projektes MOBA (Förderung LuFo IV), an dem u. a. die Firma Premium AEROTEC GmbH beteiligt war, wird der Einsatz von gänzlich neugestalteten CFK-Bauteilen untersucht, die starke Krümmungen in mehrere Raumrichtungen aufweisen. Diese sollen die bisher im Einsatz befindlichen Aluminiumstrukturen weitgehend ersetzen und damit zur Gewichtseinsparung im Flugzeugbau der nächsten Generation beitragen [Spe07, Bor08].

Neben Untersuchungen allgemeiner Art zum Umgang mit stark verformten Verstärkungshalbzeugen im industriellen Umfeld wird der Anschluss einer gewellten Fläche an einen Spantrahmenabschnitt untersucht. Wie schon im Unterabschnitt 4.3 erwähnt, handelt es sich hierbei um ein Viertelkreissegment eines Spants mit etwa 2 m Krümmungsradius und wellenförmigen Versteifungen in Stegbereich (siehe Bild 4.22).

Das generelle Forschungsziel besteht darin, ein Herstellungskonzept mit charakteristischen Parametern des Ablegevorgangs zu erarbeiten und entsprechende Drapierhilfen zu entwickeln.

7.2 Eigenschaften der Zielstruktur

Die zu fertigende Bauteilkontur des Spantes orientiert sich an schon vorhandenen z-Profilen (siehe Bild 4.22). Die Wellen besitzen alle die gleiche Höhe, unterscheiden sich aber im Krümmungsradius, der der Krümmung des Spants an der Wellenposition entspricht. Die Unterscheidungsmerkmale der Wellen sind in der Tabelle 7.1 aufgeführt, die drei Wellen werden von links nach rechts entsprechend Bild 7.2 nummeriert.

Tabelle 7.1: Unterscheidugsmerkmale der Wellenkörper [Bor08]

	Welle 1	**Welle 2**	**Welle 3**
Krümmungsradius [mm]	1,4 x 10^3	1,6 x 10^3	1,6 x 10^3
Winkel des Wellenkamms [°]	0	13	26
Anstiegswinkel der Welle [°]	32,5	31,6	28
Fläche [mm^2]	4,3 x 10^{-4}	3,3 x 10^{-4}	3,1 x 10^{-4}

Die mechanische Auslegung des Bauteils erfordert die Einhaltung der vorgegebenen Verstärkungsrichtungen sowie der maximalen Dicken gemäß Bild 7.1.

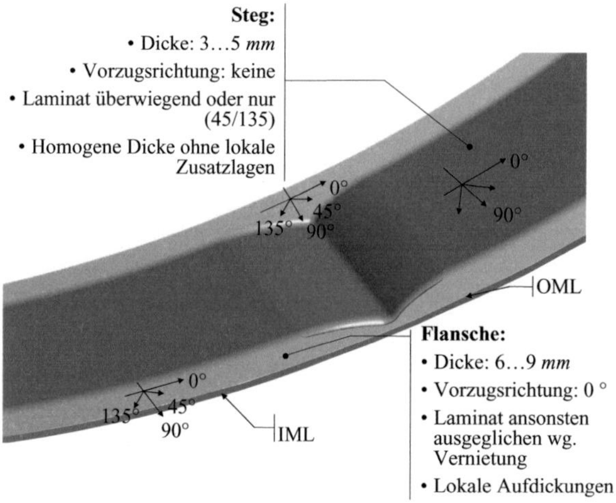

Bild 7.1: Eigenschaften der einzelnen Bereiche der Spantrahmenstruktur [Spe07]

7.3 Voruntersuchungen und theoretische Ansätze

7.3.1 Materialauswahl

Die Komplexität der beschriebenen Kontur erfordert die Verwendung stark verformbarer Halbzeuge. Üblicherweise werden bei Premium AEROTEC GmbH Multiaxialgelege von Saertex® eingesetzt. Die Durchführung einer Recherche verfügbarer Verstärkungshalbzeuge, u. a. Gewebe, mit denen die geforderten Dicken und Lagenorientierungen mit vertretbarem Aufwand (Zeit und Kosten) darstellbar sind, hat gezeigt, dass die bereits favorisierten Multiaxialgelege von Saertex® (siehe Tabelle 4.2) die Anforderungen am besten erfüllen können. Somit werden das Multiaxialgelege M1 für die gesamte Spantrahmenstruktur und das Multiaxialgelege M2 für die Verstärkung im Flanschbereich eingesetzt.

Für die Fixierung der Verstärkungshalbzeuge zur reproduzierbaren Drapierung wird der Binder B2 (siehe Tabelle 4.4) ausgewählt.

Ein von der Firma Premium AEROTEC GmbH zur Verfügung gestelltes zweikomponentiges luftfahrtzugelassenes Harz (siehe Tabelle 4.6) wird für die Harzinjektion genutzt.

7.3.2 Simulation der Halbzeugverformungen und Zuschnittgenerierung

Die Simulation der Verformung von textilen Verstärkungshalbzeugen für die gegebene Zielstruktur kann zum besseren Verständnis der Fadenverläufe beitragen und vorkonfektionierte Zuschnitte bereitstellen. Dabei wird eine starke Kopplung zwischen theoretischer Fertigungsentwicklung und praktischem Ablegevorgang angestrebt.

Für die Erstellung der einzelnen Zuschnitte der Preform werden die im Abschnitt 5.2 beschriebenen Softwarelösungen eingesetzt. Zur Berechnung des Zuschnittes mittels *FiberSIM®* (siehe Unterabschnitt 5.2.2) werden die Zuschnittkonturen auf dem Geometriemodell nachgezeichnet. Die Drapiersimulation wird entlang einer Kurve, die mittig über die gesamte Spantlänge verläuft, durchgeführt. Das Halbzeug wird in 45° zur Kettrichtung, beginnend auf der Spitze der zweiten Welle (Startpunkt für die Simulation), virtuell auf dem Formwerkzeug drapiert. Für die Simulation werden die Basiskennwerte und die im Rahmen dieser Arbeit ermittelten charakteristischen Größen zur Beschreibung des Scherverhaltens der Multiaxialgelege M1 und M2 (siehe Tabelle 4.2) in der Databasis von *FiberSIM®* hinterlegt. Das Simulationsergebnis ist im Bild 7.2 dargestellt. Die kritischen Gebiete, die im Bild 7.2 rot erscheinen, befinden sich am unteren und oberen Flansch im Bereich des Wellenscheitelpunktes. In diesen Zonen wird die Verstärkungsstruktur über das angegebene Limit hinaus lokal gedehnt oder gestaucht. Des Weiteren ist im Bild 7.2 deutlich zu sehen, dass die Faserorientierungsrichtung (45°) im Bereich nach der dritten Welle nicht gewährleistet werden kann.

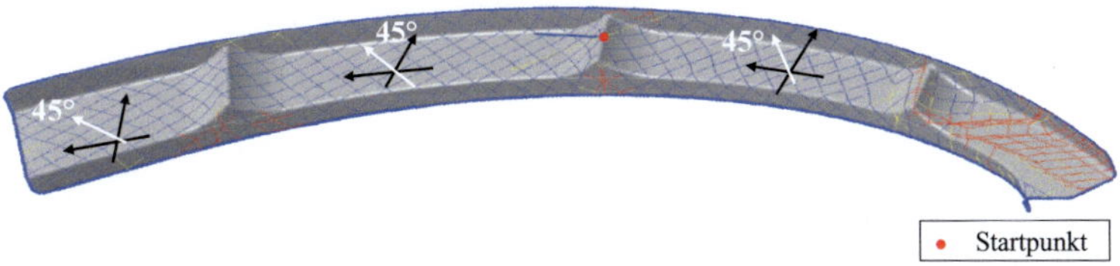

Bild 7.2: Drapiersimulationsergebnis (*FiberSIM®*) für die wellenartig verstärkte Spantrahmenstruktur

Um eine möglichst genaue, den Vorgaben entsprechende -45°/+45° Lage zu erhalten, werden mehrere Iterationsschritte benötigt. Das im Bild 7.2 dargestellte Ergebnis kann verbessert werden, indem Einschnitte von den Scheitelpunkten der jeweiligen Welle senkrecht zur Kante des Spantrahmens eingeführt werden (die Einschnitte sind im Bild 7.3 grün markiert).

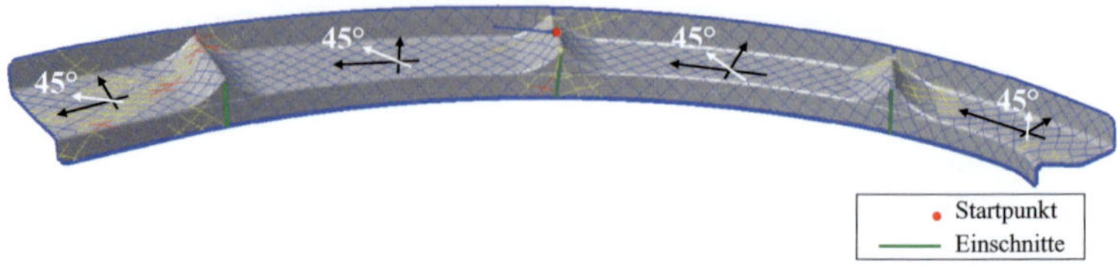

Bild 7.3: Drapiersimulationsergebnis (*FiberSIM®*) für die wellenartig verstärkte Spantrahmenstruktur nach der Einführung von Einschnitten auf den Scheitelpunkten der jeweiligen Welle

Obwohl nach der Einführung der Einschnitte die Faserorientierungsrichtung eingehalten wird, sind jedoch noch rot dargestellte kritische Bereiche im Simulationsbild (siehe Bild 7.3) zu erkennen. Dies weist darauf hin, dass weitere Modifikationen vorgenommen werden müssen.

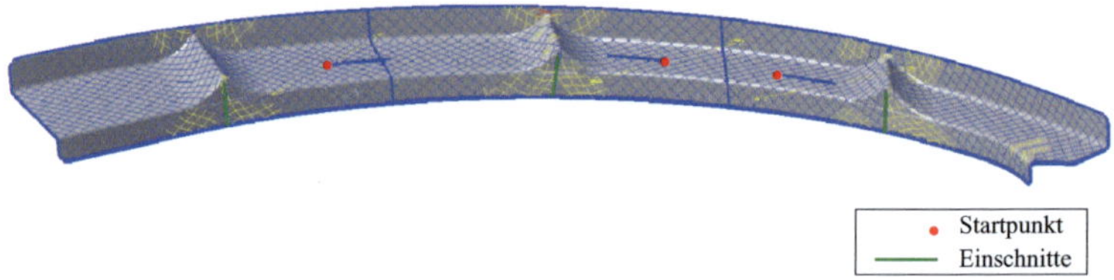

(a)

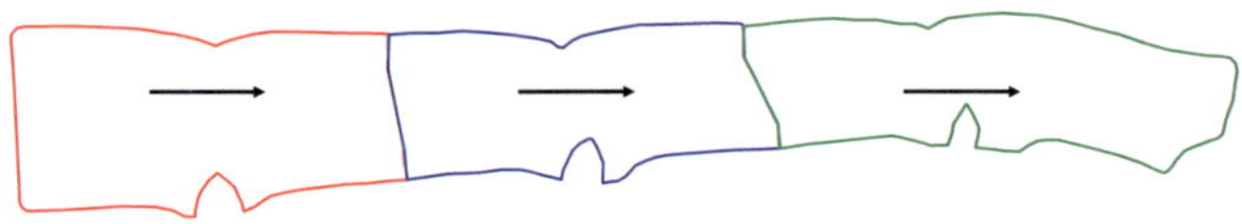

(b)

Bild 7.4: Zuschnittgenerierung mittels *FiberSIM®* nach Teilung: (a) Simulationsergebnis; (b) Zuschnitt für die Spantrahmenstruktur

Im dritten Iterationschritt wird die Spantrahmenstruktur in drei Teilbereiche geteilt und für diese werden die Abwicklungen berechnet. Die Trennlinien werden mittig zwischen die Wellen gelegt (siehe Bild 7.4(a)).

Das errechnete Simulationsergebnis (siehe Bild 7.4(a)) weist keine roten Stellen auf, so dass der Zuschnitt faltenfrei drapiert werden kann. Werden die Teilzuschnitte, wie im Bild 7.4(b) zu erkennen, angeordnet, kann die Faserorientierungsrichtung eingehalten werden.

Um eine durchgängige Verstärkung zu erreichen, müssen die in der 2D-Kontur verbleibenden Einschnitte modifiziert werden. Die im Bild 7.5 dargestellten Varianten werden erprobt.

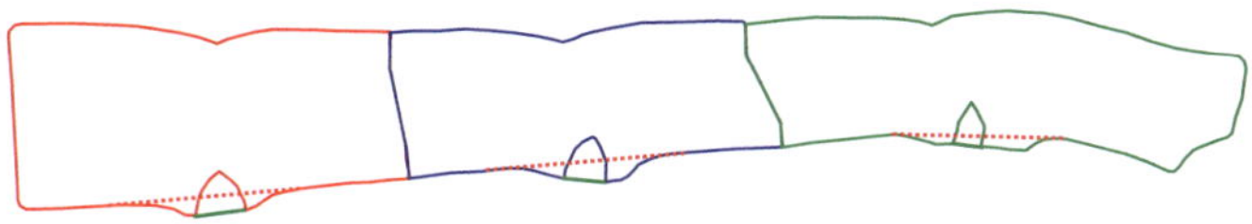

Bild 7.5: Bearbeitung der eingefügten Einschnitte

Parallel dazu wird der Zuschnitt mit Hilfe der Software *DC3D* (siehe Unterabschnitt 5.2.1) generiert. Im Gegensatz zu *FiberSIM*® bietet diese Software nicht die Möglichkeit, die Drapiersimulationen entlang einer Kurve durchzuführen. Es ist aber möglich, eine Vorzugsrichtung einzugeben (45° im Untersuchungsfall). Nach der durchgeführten Simulation muss der Konstrukteur entscheiden, ob die mit der Scherung verbundenen lokalen Auslenkungen der Verstärkungsfäden für die beanspruchungsgerechten Bauteilauslegung zulässig sind, wenn nicht, muss der in der Ebene abgelegte Zuschnitt nachgearbeitet werden.

Die Vorgehensweise der Zuschnittgenerierung mittels *DC3D* entspricht der von *FiberSIM*®. Auch hier hat sich gezeigt, dass keine Zuschnittgenerierung ohne Zerlegung in Teilzuschnitte möglich ist. Die Trennlinien und Einschnitte werden, wie bereits erläutert, zwischen den Wellen eingefügt. Die Teilzuschnitte werden so aneinandergelegt, dass die Verstärkungsrichtung eingehalten wird, die Modifikation der Einschnitte erfolgt gemäß Bild 7.6.

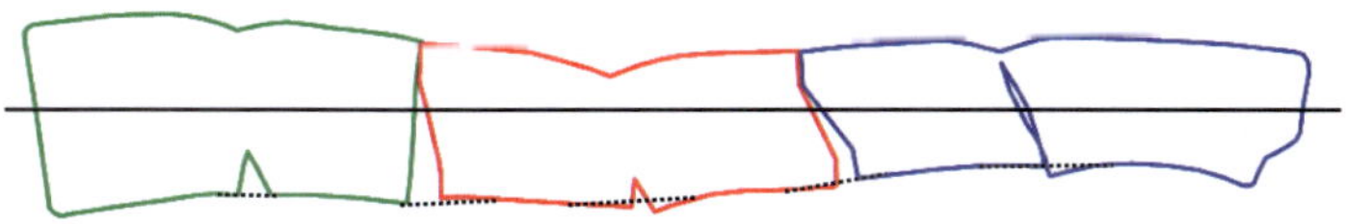

Bild 7.6: Mittels *DC3D* generierte Abwicklung mit der Ausrichtungsgeraden, Modifikationen der Einschnitte

Um zu überprüfen, welcher Zuschnitt sich besser der 3D-Geometrie des Spantes anpasst, werden die generierten Zuschnitte auf dem Formwerkzeug drapiert. Dabei hat sich gezeigt, dass beide Zuschnitte geringfügiger Modifikationen bedürfen. Dies betrifft insbesondere die Flanschbereiche um die Welle.

Im Bereich der Flansche muss die Bauteildicke höher als im Bereich des Steges sein. Dazu werden zusätzliche Verstärkungslagen für die Flanschbereiche generiert. Um die vorgegebene Faserorientierung zu gewährleisten, wird das Multiaxialgelege M2 (siehe Tabelle 4.2) verwendet und in 0°-Richtung drapiert.

Die resultierenden Zuschnitte werden in den weiteren Untersuchungen eingesetzt (Bild 7.7).

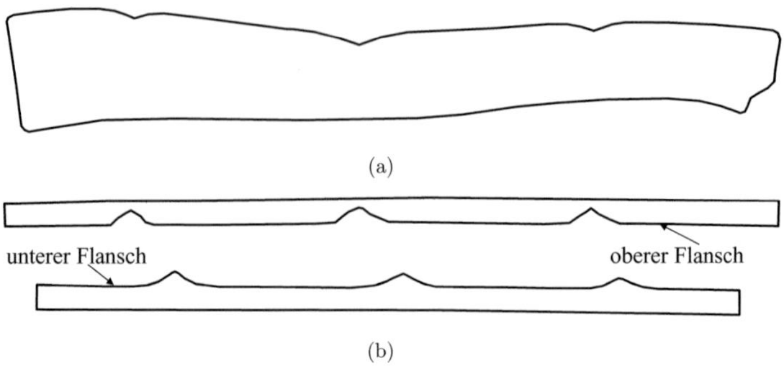

Bild 7.7: Der modifizierte Zuschnitt für die Spantrahmenstruktur: (a) Steg und Flanschbereich; (b) Flanschbereich

7.3.3 Fixierung der Zuschnitte

Wie schon im Kapitel 3 beschrieben, werden durch das Fixieren Verstärkungsfäden sowie die Lagen zum Preformaufbau gegen eine ungewollte Positionsveränderung während des gesamten Bauteilherstellungsprozesses gesichert und die Verformung reproduzierbar gestaltet. Um die Drapierbarkeit nicht nachteilig zu beeinflussen, werden nur lokale Bereiche des Zuschnittes durch den Binder fixiert. Die zu verwendenden Bereiche werden simulationsgestützt ermittelt (siehe Bild 7.4(a)). Für die wellenartig verstärkte Spantrahmenstruktur wird ein Fixierungsmuster entsprechend Bild 7.8 ermittelt. Der Binderanteil bei Verwendung des Binders B2 im Sprühauftrag beträgt ca. 0,8 Gew.-% pro Zuschnitt für Steg und Flansch und ca. 2,0 Gew.-% pro Zuschnitt für den unteren bzw. den oberen Flansch.

Der lokale Binderauftrag erfolgt auf dem textilen Halbzeug vor dem Zuschnitt. Zur effektiven Materialausnutzung werden die Zuschnitte mittels Schnittbildlegesoftware platziert. Der applizierte Binder bleibt nach dem Aufsprühen kurze Zeit (ca. 15 min) klebrig, somit können mehrere Zuschnittlagen aufeinander gestapelt und verklebt werden.

Die Fixierung hat einen positiven Einfluss auf die Drapierung. Beim Drapieren mehrerer Einzellagen werden nahezu identische Resultate erzielt. Die Zuschnitte können ohne Einschränkung nur in den Bereichen geschert werden, in denen eine Verformung nötig und zulässig ist. Außerdem wird die Handhabung beim Transport sowie dem manuellen Drapieren verbessert und es werden Voraussetzungen für eine Automatisierung dieser Prozessschritte in reproduzierbarer Qualität geschaffen.

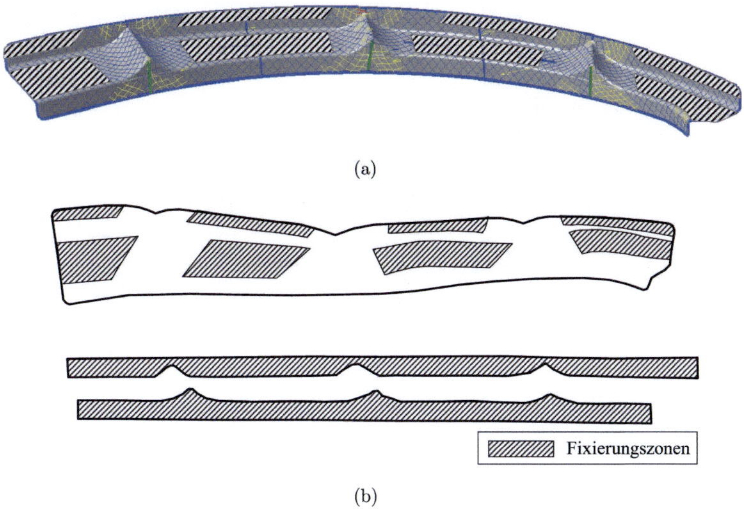

Bild 7.8: Ermittelte Fixierungszonen für die Spantrahmenstruktur: (a) auf dem Formwerkzeug; (b) auf die abgewickelten Zuschnitte

7.4 Versuche und Bauteilherstellung

7.4.1 Lagenaufbau, Drapieren

Die geometrischen Abmessungen des Bauteils sind im Bild 7.1 dargestellt. Steg und Flansch sollen eine Dicke im Bereich von 3-5 *mm* bzw. von 6-9 *mm* haben. Diese genannten Angaben beziehen sich auf den kompaktierten Zustand. Um die gewünschte Bauteildicke herzustellen, werden von den Multiaxialgelegen M1 sechs Zuschnittlagen im Steg- und von M1 und M2 12 Lagen im Flanschbereich benötigt. Es ergeben sich Dicken von 3±0,1 *mm* bzw. 6±0,2 *mm* und ein Faservolumenanteil von ca. 58 %.

Für die effiziente Gestaltung und Automatisierung eines Prozesses ist es notwendig, die sich wiederholenden Arbeitsabläufe so zu konzipieren, dass sie maschinell durchführbar sind. Dies betrifft u. a. den Lagenaufbau und das Auflegen der Zuschnitte auf dem Formwerkzeug. Hierzu werden erste Überlegungen dargestellt. Aufgrund der Komplexität des Drapiervorganges muss die Automatisierung dieses Arbeitsgangs jedoch Gegenstand weiterer Untersuchungen sein.

Zunächst wird die Drapierbarkeit von mehr als einer Lage auf dem Formwerkzeug untersucht. Dafür werden mehrere Lagenaufbauvarianten getestet. Es werden zwei bis sechs Lagen des Multiaxialgeleges M1 fixiert, zugeschnitten und kantenexakt übereinander gelegt. Durch die hohe Biegesteifigkeit des Lagenpaketes ist eine Anpassung an das Formwerkzeug bei mehr als zwei Lagen nicht möglich. Daraus resultiert der im Bild 7.9 dargestellte Lagenaufbau. Dabei werden jeweils zwei Gesamtlagen (Steg und Flansch) und drei

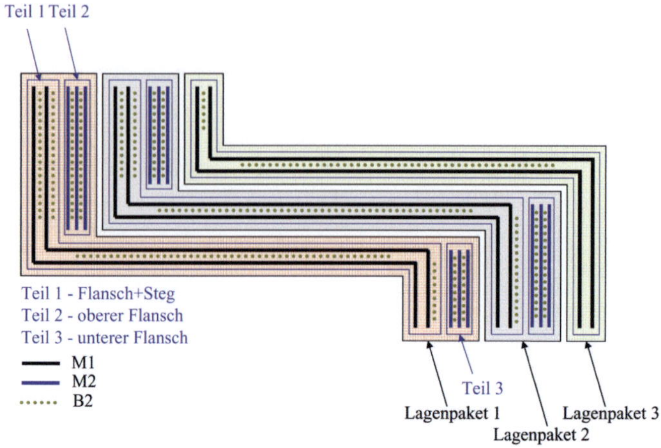

Bild 7.9: Lagenaufbau für die Spantrahmenstruktur

Verstärkungslagen (Flansch) zu einem Lagenpaket zusammengefasst. Die Teilpakete für die Verstärkungslagen im Flanschbereich (Teil 2 und Teil 3 im Bild 7.9) werden zwischen dem ersten und dem zweiten sowie zwischen dem zweiten und dem dritten Teilpaket für die Gesamtlagen (Teil 1 im Bild 7.9) eingearbeitet. Insgesamt müssen drei Lagenpakete drapiert werden.

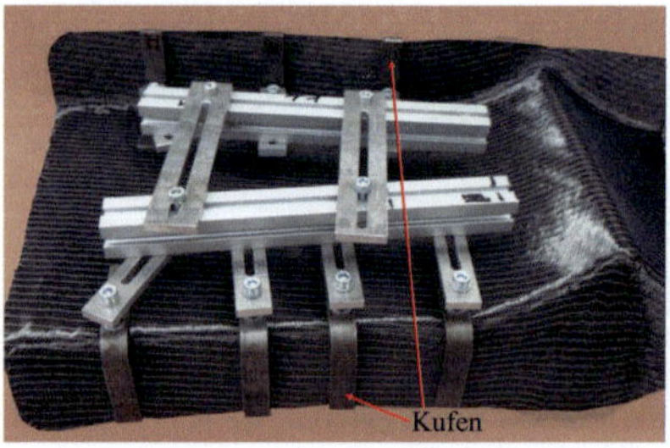

(a)

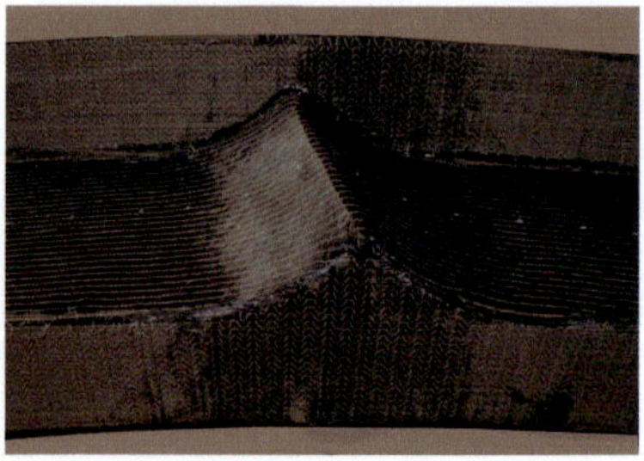

(b)

Bild 7.10: Drapiervorgang: (a) Drapieren des Teilpaketes 1 auf dem Formwerkzeug mit der Drapierhilfe; (b) komplett drapierte Preform

Der Binderauftrag kann parallel zum Legeprozess mit einer integrierten Binderapplikationseinheit aufgebracht werden. Anschließend werden die Zuschnitte mit einem Cutter zugeschnitten. Die fixierten Lagen können aufeinander gestapelt und die Teilpakete aufgebaut werden, ohne eine Geometrieveränderung der Zuschnitte infolge Fadenverschiebung befürchten zu müssen. Die manuelle Ablage der Lagenpakte wird durch die Verwendung von Drapierhilfen unterstützt [Bor08] (siehe Bild 7.10(a)). Dadurch wird ein

Verrutschen der Teillagen verhindert und der Drapiervorgang über die gesamte Länge des Spants wesentlich erleichtert. Die Drapierhilfen bestehen aus einem Gestell und mehreren Kufen, die den Radius vom Steg zum oberen sowie zum unteren Flansch abbilden (siehe Bild 7.10(a)).

Wie Bild 7.11 verdeutlicht, zeigt sich beim Drapieren des Multiaxialgeleges M1 über den Wellen eine Materialverdichtung. Diese resultiert z. B. am unteren Flansch des Spantes aus dem Materialüberschuss, der sich jedoch im Hinblick auf die vielfältigen zu berücksichtigenden Randbedingungen, konturnah, Fadenorientierung etc., nicht vermeiden lässt.

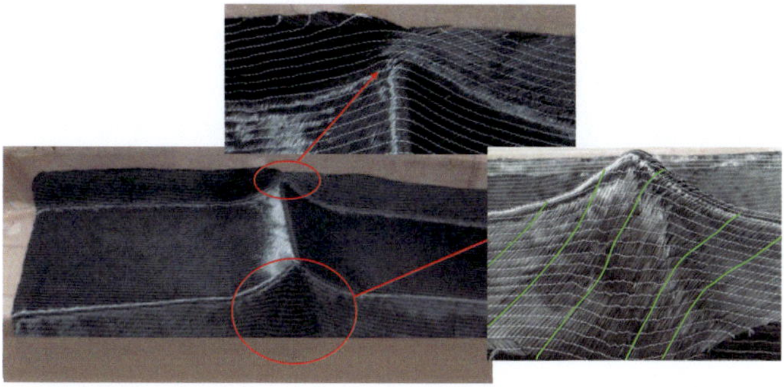

Bild 7.11: Drapieren des ersten Teilpaketes auf dem Formwerkzeug

Um die starken Bauteilkrümmungen und kleinen Radien exakt abzubilden, ist eine Zwischenkompaktierung nach jedem Lagenpaket erforderlich. Zum Kompaktieren wird ein Vakuumaufbau verwendet [FSS07].

7.4.2 Harzinjektion mittels VAP

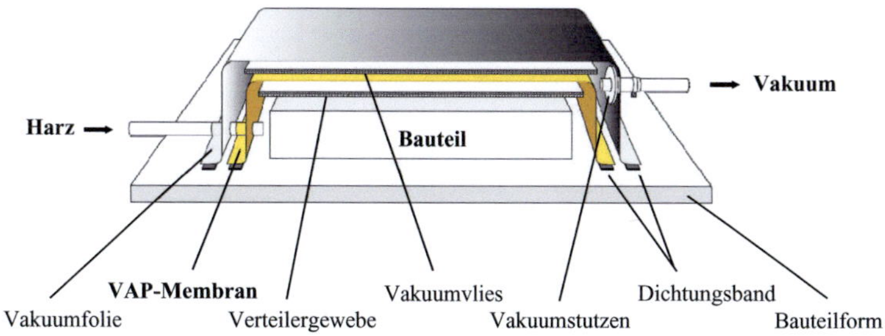

Bild 7.12: Funktionsschema des VAP-Verfahrens [sae10]

Nach der Preformherstellung erfolgt die Harzinjektion mittels VAP (Vacuum Assisted Process). VAP ist ein mit geringen Investitionskosten verbundenes Verfahren zur Herstellung von endlosfaserverstärkten Bauteilen. Meist werden lediglich ein einseitiges Formwerkzeug, eine Vakuumpumpe, der Harzvorratsbehälter sowie eine Vakuumfolie, die als Oberwerkzeug dient, benötigt. Der VAP-Aufbau ist im Bild 7.12 schematisch dargestellt. Die gefertigte Preform wird durch eine gas- und luftdurchlässige Membran bedeckt, wobei die Membran eine Harzbarriere darstellt. Dadurch entsteht ein Zweikammersystem: die äußere Kammer, in die die Luft bzw. das Gas ungehindert entweichen kann und die so genannte Bauteilkammer, in die sich das Harz, zurückgehalten von der Membran, ungehindert und gleichmäßig im Bauteil ausbreiten kann. Durch dieses Verfahren lassen sich homogene und hohe Faservolumengehalte erreichen, die durch die zugegebene Harzmenge reguliert werden können. Das infiltrierte Bauteil ist im Bild 7.13 dargestellt.

Bild 7.13: Fertige Spantrahmenstruktur

7.5 Zerstörungsfreie Bauteilprüfung

Ziel der Verfahren der zerstörungsfreien Prüfung (ZfP) ist es, Fehler eines Bauteiles rechtzeitig vor Inbetriebnahme oder auch während des Betriebes zu erkennen, sie zu charakterisieren, zu bewerten und die Lebensdauer vorherzusagen. Die Fehler an der Oberfläche sowie im Innern des Werkstückes werden dabei erfasst. Verfügbare und am meisten angewandte ZfP-Methoden sind :

- Computertomographie,
- Röntgenprüfung,
- Ultraschallprüfung,
- Lock-in Thermographie [Ull08, RGM+06, ZHM09, SHB87, BW97].

Computertomographie (CT) und Röntgenprüfung sind rechnerbasierte Auswertungen einer Vielzahl aus verschiedenen Richtungen aufgenommener Röntgenaufnahmen eines Objektes zur Erzeugung eines dreidimensionalen Bildes. Diese Methoden können bei allen durchstrahlbaren Materialien wie Metalle, Keramiken, Gläser, Kunststoffe usw. angewendet werden. Mittels CT können Inhomogenitäten, Fügungen und Klebeflächen, Ablösung von Beschichtungen sowie Rissbildungen und Delaminationen erkannt werden [Ull08, RGM+06, ZHM09, SHB87].

Die Ultraschallprüfung kann entweder im Wasser oder in der Luft durchgeführt werden. Ultraschallmessungen im Wasserbad werden zur Untersuchung von Platten und leicht gekrümmten Bauteilen, u. a. aus PEEK, GFK, CFK und hybriden Werkstoffen, eingesetzt, um ebenfalls Inhomogenitäten, Fügungen und Klebflächen, Ablösung von Beschichtungen, sowie Rissbildungen und Delaminationen zu erkennen und zu beurteilen. Zur berührungslosen Untersuchung von Platten aus porösen Materialien (z. B. CFK) wird die Ultraschallprüfung in der Luft durchgeführt [Ull08, RGM+06, ZHM09, SHB87].

Lock-in Thermographie ist ein zerstörungsfreies und berührungsloses Prüfverfahren, das nur auf Temperaturmodulationen anspricht und dadurch Diskontinuitäten im oberflächennahen Bereich von Bauteilen bildhaft darstellt, wobei die Tiefenreichweite über die Modulationsfrequenz variiert werden kann. Diese Methode eignet sich insbesondere zum Einsatz in der Qualitätssicherung von Schichtwerkstoffen oder flächenartigen Strukturen, um Inhomogenitäten und Delaminationen zu erkennen, Klebflächen zu charakterisieren, Schichtdicken zu messen sowie den Infiltrationsprozess zu überwachen [BW97, Ull08].

Die hochauflösende 3D-Computertomographie hat sich als effektives Prüfverfahren für ein breites Spektrum an industriellen und wissenschaftlichen Inspektions- und Messanwendungen zur Qualitäts- und Produktionskontrolle etabliert. Für die Untersuchungen im Rahmen der Arbeit wird ein im Institut für Leichtbau und Kunststofftechnik der TU Dresden (ILK) zur Verfügung stehendes CT-System *nanotom®* eingesetzt (siehe Bild 7.14). Mit diesem System können bei kleinen Proben Voxelgrößen von $< 500\ nm$ erreicht werden. Die erreichbare Auflösung hängt von der Größe des zu untersuchenden Objektes ab. Je kleiner die Probe ist, desto näher kann sie an die Röntgenquelle herangefahren und desto höhere Auflösungen können erreicht werden.

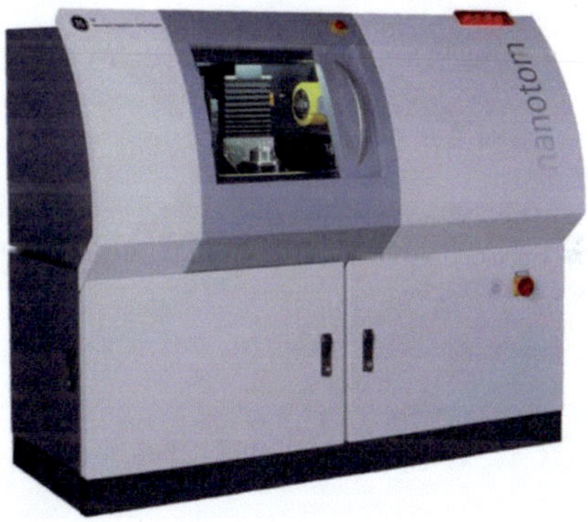

Bild 7.14: Labor CT-System *nanotom®* [nan]

Das *nanotom®* funktioniert nach dem Prinzip der 3D-Kegelstrahl-Tomographie: die Probe wird zwischen Röntgenquelle und Detektor fixiert und zur Aufnahme der für die Rekonstruktion des 3D-Volumens erforderlichen 2D-Projektionen in mehreren hundert kleinen Schritten einmal um die eigene Achse gedreht (siehe Bild 7.15) [SK10]. Die nanofocus-Röntgenröhren emittieren einen kugelförmigen Röntgenstrahl, welcher die Probe durchdringt und ihren absorbtionsabhängigen Schatten auf einen volldigitalen Detektor projiziert. Diese Projektionen enthalten Informationen über die Position und Dichte aller Röntgenstrahlung absorbierender Strukturen innerhalb der Probe. Die aufgenommenen Projektionen werden für die numerische Rekonstruktion des 3D-Volumens genutzt. Die Rekonstruktionszeit beträgt abhängig vom Umfang der Volumendaten typischerweise wenige Minuten. Die erzielten Volumendaten werden in einem 3D-Bild oder in tomographischen Schnitten in x-, y- und z-Richtung dargestellt. Möglich sind halbtransparente Darstellungen zur Analyse des Objektes in beliebigen Richtungen per Mausklick.

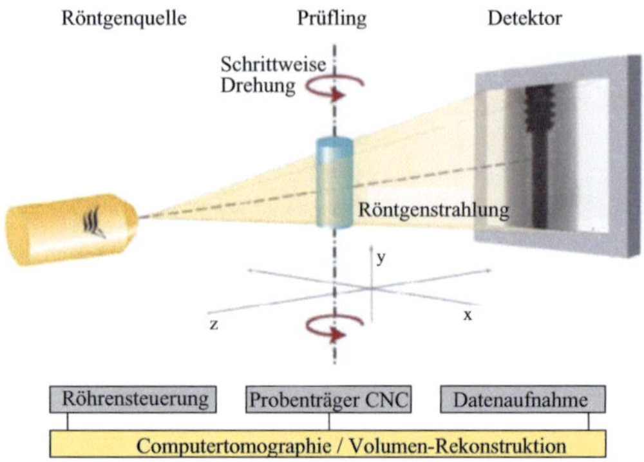

Bild 7.15: Funktionsprinzip der 3D-Kegelstrahl-Computertomographie [SK10]

Im Untersuchungsfall werden Proben an verschiedenen Stellen der Spantrahmenstruktur (entsprechend Bild 7.16) ausgeschnitten und geprüft. Ziel dieser Untersuchung ist es, die Verteilung des Binders nach der Harzinfiltration im Verbund zu erfassen und zu beurteilen. Die Ergebnisse sind anhand einer Probe (siehe 3 im Bild 7.16) dargestellt. Die CT-Parameter sind in der Tabelle 7.2 zusammengefasst.

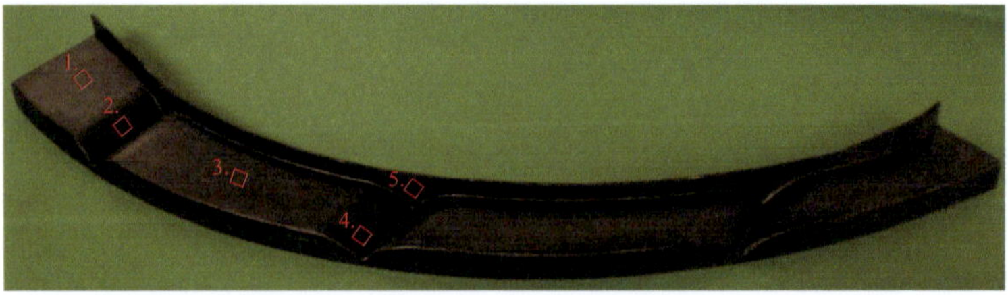

Bild 7.16: Spantrahmenstruktur mit gekennzeichneten Stellen für CT

Im Bild 7.17 sind die tomographischen Schnitte einer Aufnahme dargestellt. Der Aufbau des Verbundes ist in den Bildern 7.17 (a) und 7.17 (b) deutlich zu sehen. Er besteht aus sechs Lagen, zwischen jede zweite Lage (siehe Bild 7.9) wird der Binder im Sprühauftrag appliziert. In den Proben sind Lufteinschlüsse erkennbar, Binderrückstände sind hier nicht zu beobachten.

Die Bilder 7.18(a) und 7.18(b) dienen der weiteren Interpretation der Ergebnisse. Im Bild 7.18(a) sind die PES-Maschenfäden der Multiaxialgelege deutlich zu sehen. Das Bild 7.18(b) macht Binderrückstände sichtbar, die besonders in den Bereichen auftreten, die durch Überlappungen von Maschenfäden und aufgesprühtem Binder gekennzeichnet

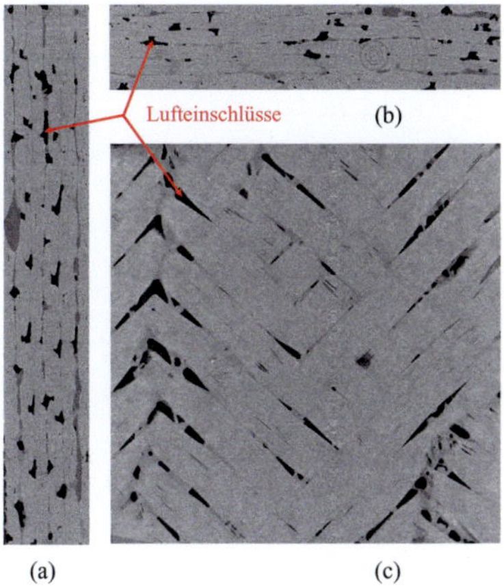

Bild 7.17: Tomographische Schnitte in: (a) x-; (b) y-; (c) z-Richtung

Tabelle 7.2: CT-Parameter

CT-Geometrie
Vergrößerungsfaktor = 5,57 Voxelgröße = 17,94 $\mu m/vox$
Röntgenparameter
Spannung = 50 kV Stromstärke = 200 μA
3D Volumenparameter
Volumengröße (x y z) = 1152 x 304 x 1152 μm

sind. Das Bild 7.18(a), welches keinerlei Binderrückstände erkennen lässt, beweist erneut, dass der Binder B2 nicht tief in die Verstärkungsstruktur eindringt. Der Binder wird, wie bereits beschrieben, zwischen jede zweite Lage der Verstärkungsstruktur appliziert und ist deswegen nicht in jedem tomographischen Schnitt zu sehen. In den Bereichen der Maschenfäden sowie an den Überlappungsstellen (Bild 7.18(b)) sind die meisten Lufteinschlüsse zu beobachten. Inwiefern sich diese kritisch in Form einer Reduzierung auf die mechanischen Kennwerte auswirken, wurde bereits im Unterabschnitt 4.4.5 getestet. Da die Werte der Biegefestigkeit der bebinderten Proben (B2) denen der unbebinderten Proben sehr ähnlich sind (siehe Bild 4.40), kann eine signifikante negative Beeinflussung infolge des Binderauftrages ausgeschlossen werden. Die meisten Lufteinschlusse entstehen an den Kontaktstellen zum Maschenfaden.

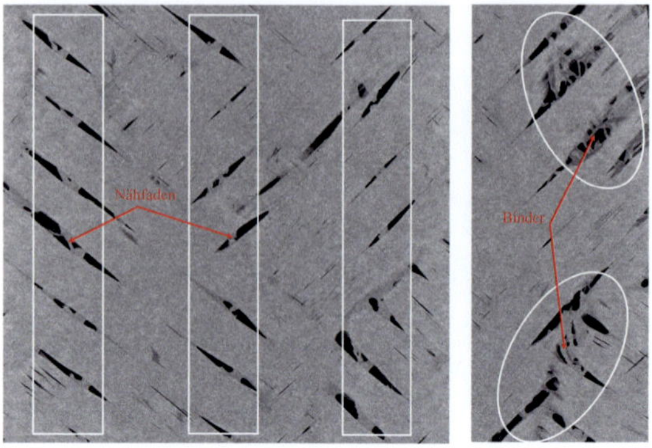

(a) (b)

Bild 7.18: Tomographische Schnitte in z-Richtung: (a) Maschenfäden des Multiaxialgeleges M1 im Verbund; (b) Binder B2 im Verbund

7.6 Zusammenfassung

In diesem Kapitel werden die im Rahmen der Arbeit erarbeiteten Grundlagen für einen automatisierten Prozess zur Herstellung eines komplex gekrümmten Bauteiles durch die Kombination von textiler Konfektionstechnik, Binder-Umformtechnik sowie den Einsatz von Drapierhilfen an einem Anwendungsbeispiel dargestellt. Durch den Einsatz der CAx-Softwarelösungen ist es gelungen, aus einer 2D-Abwicklung einer 3D-Bauteilgeometrie einen Zuschnitt zu entwickeln, der nach geringfügigen Modifikationen auf dem doppelt gekrümmten Formwerkreug ohne Falten und mit Einhaltung der Verstärkungsfadenrichtung drapiert werden kann. Die lokale Binderapplikation hat einen signifikanten Beitrag zur Verbesserung des Drapierens sowie der Handhabung geleistet:

- ungewollte Verschiebungen, Stauchungen und Scherungen der Verstärkungsfäden werden verhindert,
- die Verformung erfolgt nur in den definierten Bereichen,
- beim Transport der Zuschnitte werden keine Randfäden aus dem Flächengebilde gelöst und eine geometrische Veränderung wird vermieden,
- im Untersuchungsbeispiel wird die Flächenscherung in den Lagenpaketen verhindert.

Mittels Computertomographie wird bewiesen, dass die Qualität der bebinderten Verbundstrukturen nicht negativ beeinflusst wird. Lufteinschlüsse in dem Verbund aus CF, Epoxydharz und Binder (B2) entstehen überwiegend durch den Einfluss der Maschenfäden der Mutliaxialgelege.

8 Zusammenfassung und Perspektive

Im Rahmen dieser Arbeit werden verbesserte Prozessschritte zur Fertigung trockener Preforms für Faserkunststoffverbundbauteile konzipiert, realisiert und evaluiert. Nach einer Einleitung, die die Notwendigkeit der Forschung auf dem Gebiet des textilverstärkten Leichtbaus kurz aufzeigt, werden im Kapitel 2 der Gesamtprozess vom textilen Halbzeug über die Preformherstellung bis hin zum konsolidierten Bauteil dargestellt und für die Arbeit wesentliche Untersuchungen bereits abgeschlossener oder gegenwärtig laufender FuE-Projekte erläutert.

Als Alternative zur kostenintensiven Nasstechnologie mit vorimprägnierten Prepregs kommen zunehmend trockene textile Preforms zur Herstellung von Faserverbundkunststoffen, insbesondere für komplexe Geometrien, zur Anwendung. Die Preform wird aus textiltechnisch hergestellten Strukturen aus Hochleistungsfaserstoffen unter Nutzung der Zuschnitt- und der Verbindungstechnik der textilen Konfektion meist aus mehreren Schichten endkonturnah zum angestrebten Kunststoffbauteil montiert. Dabei führt die Kombination unterschiedlicher Flächenbildungstechniken und Faserverstärkungsrichtungen im Preformdesign nur dann zum erwarteten Ergebnis, wenn die Dimensionierungen durch genaue Kenntnis des Materialverhaltens bei Zuschnitt, Formgebung und Fertigung unterstützt und durch qualitätssichernde Maßnahmen tangiert werden.

Bei allen bisherigen Untersuchungen kristallisieren sich bei der Verarbeitung trockener textiler Halbzeuge Probleme bei der Handhabung und der reproduzierbaren Formgebung heraus.

Zur Verbesserung der Handhabung sowie der Realisierung der reproduzierbaren Formgebung wird deshalb eine Verfestigung mittels lokaler Fixierung angestrebt, die eine ungewollte Veränderung der textilen Halbzeuge bei den anschließenden Stapel- und Formgebungsvorgängen verhindert. Eine Einschränkung der gewünschten Formgebung muss dabei vermieden werden. Dazu wird ein schutzrechtlich gesichertes Verfahren zur Strukturfixierung (DE 10 2007032904), dass die computergestützte Ermittlung einer maßgeschneiderten lokalen Fixierung zur Realisierung von Steifigkeitsunterschieden und deren Anwendung in rasterförmiger oder unregelmäßiger Anordnung (linien- oder flächenförmig) mittels Bindern oder thermischen Verfahren beinhaltet, im Rahmen der Arbeit umgesetzt. Als lokale Fixierungsstellen sind die Bereiche geeignet, die nur geringe Verzerrungen durch die Verformung erfahren. Diese Zonen werden durch Berechnung der Abwicklung ermittelt und die Fixierungslinien bzw. flächigen Fixierungszonen, die die notwendigen Verformungseigenschaften (Scherung, Fadenverschiebung) nicht begrenzen, festgelegt.

Zur Untersuchung des Einflusses der lokalen Strukturfixierung mittels verschiedener Binder wird ein umfassendes experimentelles Testprogramm durchgeführt. Grundlage dieser Versuche bilden GF- und CF-Halbzeuge sowie Verbundplatten. Fünf Binder werden in diese Arbeit untersucht.

Bei der Binderfixierung darf der verwendete Binder die mechanischen Eigenschaften des Verbundes nicht negativ beeinflussen. Voraussetzungen dafür sind die Matrixverträglichkeit und der Ausgleich entstehender Spannungen durch ein elastisches Verhalten.
Der Pullout Versuch liefert Aussagen zur erzielten Fixierwirkung zwischen Binder und Verstärkungsstruktur. Im Vergleich zu den unbebinderten Proben werden ca. dreimal höhere Ausziehkräfte (Bindern B2, B3 und B4) benötigt, um ein Garn aus den fixierten Verstärkungsstrukturen zu ziehen. Der im Sprühauftrag applizierte Binder B2 haftet an den obersten Faserbündeln, dringt somit nur geringfügig in die Tiefe der textilen Flächengebilde ein. Die Binder B3 und B4 fixieren ebenso nur die äußeren Faserbündel. Im Gegenteil dazu dringen die Binder B1 und B5 infolge der niedrigen Viskositäten tief in das textile Flächengebilde ein.
Die Scherprüfung an den bebinderten Proben bestätigt die Vermutung, dass sowohl der Anteil des eingesetzten Binders als auch die Geometrie des Fixiermusters einen Einfluss auf die Scherung der textilen Verstärkungsstrukturen haben. Der kritische Scherwinkel nimmt mit zunehmendem Binderanteil ab, wenn die Fixierungslinien parallel zu Probeändern verlaufen. Wenn die Fixierungslinien in einem Winkel von 45 ° zu den Probenrändern in sich kreuzenden Linien aufgebracht werden, hat der Binderanteil keinen großen Einfluss auf die Scherung, da bereits bei kleinen Bindermengen ein starkes Herabsetzen des kritischen Scherwinkels festgestellt wird.
Die Ergebnisse der 4-Punkt-Biegeprüfung liefern den Nachweis, dass das Aufschmelzen des Binders im Konsolidierungsprozess und die Verträglichkeit der Binder- und Matrixschmelzen von entscheidender Bedeutung sind. Der Binder B2 ohne Feuchtigkeitsvernetzung, sowie der Binder B4 schmilzt im Konsolidierungsprozess bei Anwendung einer thermoplastischen Matrix, im Untersuchungsfall PP im Filmstacking-Verfahren, vollständig auf und verbinden sich mit der Matrix. Dies wird anhand von Schliffbildern nachgewiesen. Die Biegefestigkeiten der unbebinderten Referenzmaterialien werden erreicht. Das Gleiche gilt auch für das matrixgleiche Fixierungsmittel PP. Der Binder B1 hingegen bleibt als fester Rückstand im Verbund und wirkt somit als Störstelle, was zu einer Reduzierung der Biegefestigkeit führt.
Die Prüfung der interlaminaren Scherfestigkeit liefert die Aussage, dass kein negativer Einfluss des Binders im Verbund (PP-Matrix), aufgebracht auf das GF-Gewebe G2, nachweisbar ist. Die interlaminaren Scherfestigkeiten von fixierten und unfixierten Proben sind ähnlich.
Der Einfluss des Binders B2 auf die Permeabilität nimmt mit steigendem Faservolumengehalt zu. Tendenziell bedeutet dies, dass bei einem höheren Faservolumengehalt und einer zusätzlichen Bebinderung eine zunehmend homogene Fließfront des Injektionsfluides entsteht.
Der Binder B2 hat in allen durchgeführten Untersuchungen ein gutes Ergebnis erbracht.

Im Rahmen der Arbeit wird der Prozessschritt der Verformung (Drapierung) der textilen Verstärkungshalbzeuge detailliert untersucht. Zur Simulation des Verformungsverhaltens von Verstärkungsstrukturen ist das Scherverhalten die wichtigste zu berücksichtigende Kenngröße. Die Effekte der Fadendehnung und Fadenstreckung werden meist vernachlässigt. Für die Modellierung des Drapierverhaltens von bidirektionalen Textilien lassen sich drei Ansätze unterscheiden: das kinematische Modell, das Elastizitätsmodell und das Partikel-Modell. Die Literaturrecherche hat gezeigt, dass das kinematische Modell

gegenwärtig am häufigsten zur Beschreibung der Drapierung von bidirektionalen Verstärkungstextilien eingesetzt wird. Die in dieser Arbeit untersuchten Softwarelösungen (*DC3D* und *FiberSIM®*) basieren auf einem kinematischen Modell. Mithilfe beider Softwarelösungen werden virtuelle 3D-Geometriemodelle erstellt und Machbarkeitsstudien ausgeführt, die auf einer automatischen Zuschnittgenerierung basieren. Das Abwicklungsergebnis wird wesentlich durch zwei Anfangsbedingungen beeinflusst, und zwar den Startpunkt für die Simulation und die Faserorientierungsrichtung. Dabei wird bewiesen, dass sich durch Variation des Startpunktes der Simulation das Ergebnis der Abwicklung optimieren lässt.
Die durchgeführten Drapiersimulationen zeigen, dass sich die Berechnungsalgorithmen unterscheiden und daraus teilweise stark unterschiedliche Zuschnitte resultieren.

Bei der Fertigung von Leichtbaustrukturen mit Textilverstärkungen kann bei der Belegung komplexer, stark gekrümmter Freiformflächen eine Verschlechterung der mechanischen Eigenschaften des Bauteils aus einer undefinierten Ablage des Verstärkungstextils resultieren. Um die Verstärkungsstrukturen belastungsgerecht und ohne Nacharbeit in die gewünschte 3D-Bauteilform zu bringen, wird in dieser Arbeit die Zuschnittentwicklung direkt auf der Modellgeometrie realisiert. Hierzu werden Referenz- und Demonstratorgeometrien ausgewählt und in die rechentechnischen und experimentellen Testläufe integriert.
Eine Analyse der Verzerrungen dient der Ermittlung von Bereichen geringfügiger Fadenverschiebungen/-aufweitungen und Winkelveränderungen, die zur lokalen Fixierung genutzt werden können. Die Zuschnittkonturen werden mit einer Modellierung der Verstärkungstextilien gekoppelt, um eine Anpassung der Menge des Fixierungsmittels an die meist poröse Struktur des Verstärkungstextils zu erzielen.
Die durchgeführten Untersuchungen zeigen, dass sich die Berücksichtigung der Verstärkungsfadenorientierung erheblich auf die Qualität der späteren Preform auswirkt. Es ist wichtig, ein Optimum zwischen den strukturmechanischen Anforderungen und den Möglichkeiten der Formgebung durch Zerlegung in einzelne Zuschnitte für jeden Einsatzfall genau zu ermitteln. Die angewandten Simulationswerkzeuge können hierbei sehr hilfreich sein und führen zu einer Reduzierung der benötigten Entwicklungszeiten.
Durch den Einsatz von Methoden zur optimalen Schnittbildgestaltung können die für das Bauteil benötigten Zuschnitte so auf dem textilen Halbzeug angeordnet werden, dass eine belastungsgerechte Verstärkung bei gleichzeitiger Minimierung der Produktionsabfälle erzielt wird. Lokale Steifigkeitsunterschiede führen dazu, dass die Preformhandhabung sicherer und die Drapierung schneller ausgeführt werden können. Die erzielte Preform ist endkonturnah. Unter Berücksichtigung der Bauteilabmessungen und der zu realisierenden Stückzahlen sowie des anzuwendenden Konsolidierungsverfahrens kann es sinnvoll sein, eigenstabile Preforms herzustellen. Die Preform kann vom Formwerkzeug abgenommen und temporär gelagert werden, bevor die eigentliche Konsolidierung ausgeführt wird. Die Voraussetzungen hierzu werden im Rahmen der Arbeit geschaffen.
Die Preformfixierung kann parallel zum Legeprozess, der mit dem CNC-Zuschnitt gekoppelt ist, erfolgen, so dass kein zusätzlicher Prozessschritt in der Preformfertigungskette erforderlich ist. Aufgrund der besseren Handhabung und reproduzierbaren Drapierung können die Taktzeiten signifikant reduziert werden.

Die Grundlagen zur verbesserten Herstellung eines komplex gekrümmten Bauteiles durch die Kombination von textiler Konfektionstechnik und Binder-Umformtechnik, die im Rahmen der Arbeit geschaffen werden, finden an einem Anwendungsbeispiel Einsatz. Mittels CAx-Softwarelösungen gelingt es, aus einer 2D-Abwicklung eines 3D-Bauteiles einen Zuschnitt zu entwickeln, der fast ohne Modifikation auf dem doppelt gekrümmten Formwerkzeug ohne Falten und mit Einhaltung der Verstärkungsfadenrichtung drapiert werden kann. Die in dieser Arbeit erforschten Ansätze zur Verbesserung der Handhabung der biegeweichen textilen Flächengebilde bilden eine wesentliche Voraussetzung für die Erhöhung des Automatisierungsgrades in der gesamten Prozesskette der Preformfertigung.

Zielstellung weiterer Arbeiten muss es sein, die Ansätze dieser Arbeit auf ein größeres Geometriespektrum, welches sich z. B. durch die Bauteilabmessungen, Krümmungsradien und durch Übergänge konkaver in konvexe Bereiche unterscheidet, zu übertragen. Auch die Vielfalt textiler Verstärkungsstrukturen wurde noch nicht ausreichend betrachtet. Binderarten, Applikationsvarianten und Strukturtopographie müssen aufeinander abgestimmt sein. Dies gilt ebenso für die chemische Kompatibilität zwischen Binder, duro- und thermoplastischer Matrix und den Verstärkungsfasern. Um das Handling bei Stapel- und Drapierprozessen künftig signifikant zu verbessern und den Automatisierungsgrad zu erhöhen, muss die Art der eingesetzten Endeffektoren auf die Steifigkeits- und Strukturänderungen abgestimmt sein. Dazu sind weitere umfangreiche Untersuchungen erforderlich.

Literaturverzeichnis

[Ahr04] R. Ahrer, *Flexible Einsatzmöglichkeiten des Ultraschallschneidens von Textilien*, Proceedings Konfektion Technischer Textilien (Denkendorf), 2004.

[Apm09] H. Apmann, *Automatic handling of dry carbon fabrics and prepregs*, Proceedings 17th International Conference of Composite Materials ICCM 17 (Edinburgh (UK)), 2009.

[ARR88] K. Adams, W. Russel, L. Rebenfeld, *Radial penetration of a viscous liquid into a planar anisotropic porous medium*, Multiphase Flow **14**(1988), 203–215.

[AUT06] *Automatische Fertigung mittels RTM-Verfahren. AUTO-RTM*, Abschlussbericht, Faserinstitut Bremen e. V., Composite Technology Center Stade (CTC), 2006.

[Bad02] M. Bader, *Selection of composite materials and manufacturig routes for cost-effective performance*, Composites: Part A **33** (2002), 913–934.

[Bal07] D. Ballhause, *Diskrete Modellierung des Verformungs-und Versagensverhaltens von Gewebemembranen*, Dissertation, Universität Stuttgart, 2007.

[Bäc88] R. Bäckmann, *Thermisches Trennen und Fügen von Textilien und Textilverbundstoffen*, Melliand Textilberichte **69(7)** (1988), 482–495.

[BC89] J. H. Byun, T. W. Chou, *Modelling and characterization of textile structural composites: A review*, The Journal of Strain Analysis for Engineering Design **24** (1989), Nr. 4, 253–262.

[BDF97] J. Barndt, K. Drechsler, J. Filsinger, *Development trends in textile reinforcement for composites*, 5th International Symposium Exhibition (Tokyo (Japan)), 1997.

[Bög04] H. Bögner, *Vorgespannte Konstruktionen aus beschichteten Geweben und die Rolle des Schubverhaltens bei der Bildung von zweifach gekrümmten Flächen aus ebenen Streifen*, Dissertation, Universität Stuttgart, 2004.

[BGH01] P. Boisse, A. Gasser, G. Hivet, *Analyses of fabric tensile behaviour: determination of the biaxial tension-strain surfaces and their use in forming simulations*, Composites: Part A **32** (2001), 1395–1414.

[BLS+02] G. Beresheim, J. Lichtner, R. Schledjewski, P. Mitschang, M. Neitzel, *Thermoplast-tapelegen*, Proceedings 8. Nationales Symposium SAMPE Deutschland Kaiserslautern), 2002.

[BMS92] T. Bahners, B. Müller, E. Schollmeyer, *Der gepulste CO_2-Laser - Optimierung des Schneidergebnisses*, Bekleidungstechnische Schriftenreihe, Forschungsgemeinschaft Bekleidungsindustrie, Köln **86** (1992).

[Bob93] W. Bobeth, *Textile Faserstoffe*, Springer-Verlag, Berlin, Heidelberg, New York, 1993 - ISBN 978-3540556978.

[Bor08] H. Borgwardt, *Erarbeitung theoretischer und experimenteller Grundlagen zur Fertigung einer wellenartig verstärkter Spantrahmenstruktur in textiler Konfektionstechnik*, Großer Beleg, TU Dresden, 2008.

[BSH03] D. Bigaud, C. Szostkiewicz, P. Hamelin, *Tearing analysis for textile reinforced soft composites under mono-axial and bi-axial tensile stresses*, Composite Structures **62** (2003), Nr. 2, 129–137.

[BW97] G. Busse, D. Wu, *Lockin-Thermographie in der zerstörungsfreien Werkstoffprüfung*, NDTnet **2** (1997), Nr. 8.

[CAB+08] J. Cao, R. Akkerman, P. Boisse, J. Chen, H. S. Cheng, E. F. de Graaf, J. L. Gorczyca, P. Harrison, G. Hivet, J. Launay, W. Lee, L. Liu, S. V. Lomov, A. Lons, E. de Luycker, F. Morestin, J. Padvoiskis, X. Q. Peng, J. Sherwood, Tz. Stoilova, X. M. Tao, I. Verpoest, A. Willems, J. Wiggers, T. X. Yu, B. Zhu, *Characterization of mechanical behavior of woven fabrics: Experimental methods and benchmark results*, Composites: Part A **39** (2008), 1037–1053.

[Che92] C. Cherif, *Drapierbarkeitssimulation von Verstärkungstextilien für den Einsatz in Faserverbundkunststoffen mit der Finite-Elemente-Methode*, Dissertation, RWTH Aachen, 1992.

[CHR+06] Ch. Cherif, G. Hoffmann, H. Rödel, E. Mäder, H. Brünig, K. Großmann, *Textile Technologien für hybridgarnbasierte komplexe Preformstrukturen*, Fachkolloquium des SFB 639: Textilverstärkte Verbundkomponenten für funktionsintegrierende Mischbauweisen (Dresden), 2006.

[SK10] F. Sieker, C. Kasper, *Hochauflösende Computertomographie. nanoCT: dreidimensionale Mikrostrukturanalyse von Biomaterialien mit Submikrometer-Auflösung*, GIT Labor-Fachzeitschrift (2010), Nr. 2, 122–123.

[CKD09] Ch. Cherif, S. Krzywinski, O. Diestel, *Entwicklung einer Technologie zur Strukturfixierung textiler Halbzeuge mit Hybridgarnen für komplexe, beanspruchungsgerechte Preform (Strukturfixierung mit Hybridgarnen)*, Ausführliche Bechreibung zum Forschungsantrag TP A3 im Rahmen des AiF-DFG-Clustervorhabens Leichtbau und Textilien, TU Dresden, 2009.

[DAR+87] E. Douglas, K. Adams, L. Rebenfeld, R. Prud'homme, *In-plane radial fluid flow characterization of fibrous material*, Journal of Building Physics **153(10)** (1987), 153–172.

[Dex98] H. B. Dexter, *Development of textile reinforced composites for aircraft structures*, Proceedings 4th International Symposium for Textile Composites (Kyoto (Japan)), 1998.

[DHO04] O. Diestel, G. Haasemann, S. Orawattanasrikul, *Biaxialstrickpreformen mit komplexer Geometrie, experimentelle Untersuchung und Simulation der Verbundeigenschaften*, ITB Mitteilung **2** (2004), 19–26.

[EE07] P. Ermanni, A. Endruweit, *Composites Technlogien*, Kap. Textile Halbzeuge, S. 1–45, Volesungsskript, Eidgenössische Technische Hochschule Zürich, 2007.

[Erm07] P. Ermanni, *Composites technologien*, Vorlesungsskript, Eidgenössische Technische Hochschule Zürich, 2007.

[ESS09] C. Ehringer, G. Strasser, J. Schilp, *Automatisierungsansätze beim Konfektionieren von CF-Textilien*, Proceedings Handhabungstechnik. Innovative Greifertechnik für komplexe Handhabungsaufgaben (Augsburg), 2009.

[eur10] *http://www.eurolaser.com/de/*, 2010.

[Fel97] D. Feltin, *Entwicklung von textilen Halbzeugen für Faserverbunde unter Verwendung von Stickautomaten*, Dissertation, TU Dresden, 1997.

[Fib09] *FiberSim user guide*, Version 2009 ed.

[Fib10] *http://www.vistagy.com*, 2010.

[Fis97] P. Fischer, *Ermittlung mechanischer Kenngrößen textiler Flächen zur Modellierung des Fallverhaltens unter Berücksichtigung konstruktiver, faserstoffbedingter und technologischer Abhängigkeiten*, Dissertation, TU Dresden, 1997.

[FSS07] J. Filsinger, M. Siemetzki, K. Schmidtke, F. Strachauer, *Verfahren zur Herstellung eines faserverstärkten Bauteils*, Patent DE102006023865A1, 2007.

[FST+01] J. Filsinger, F. Stadler, T. Lorenz, S Utecht, *The vacuum-assisted process (VAP)*, Patent WO 01/68353-A1, 2001.

[geo06] *http://www.geomagic.com/de/*, 2006.

[gfm10] *http://www.gfm.at/*, 2010.

[GGK+02] A. Geßler, K. Gliesche, R. Keilmann, E. Laourine, J. Kröber, A. Pickett, *Textile Integrationstechniken zur Herstellung vorkonfektionierter Verstärkungsstrukturen für FVK Intex (BMBF-Projekt)*, Abschlussbericht, EADS, Ottobrunn, 2002.

[GKB+10] L. Girdauskaite, S. Krzywinski, R. Böhme, I. Jansen, *Reproduzierbare Preformfertigung für textilverstärkte Kunststoffe*, lightweightdesign **1** (2010), 55–60.

[GKR+09] L. Girdauskaite, S. Krzywinski, H. Rödel, R. Böhme, I. Jansen, *Trockene Prefroms für komplexe Faserverbundkunststoffbauteile*, Technische Textilien **6** (2009), 280–281.

[GKR+10] L. Girdauskaite, S. Krzywinski, H. Rödel, A. Wildasin-Werner, R. Böhme, I. Jansen, *Local Structure Fixation in the Composite Manufacturing Chain*, Applied Composite Materials **17** (2010), Nr. 6, 597–608.

[gom06] *http://www.gom.com*, 2006.

[Gra08] A. Grafe, *Reproduzierbare Preformfertigung für textilverstärkte Kunststoffe durch Kleb- und Lasertechnik*, Diplomarbeit, TU Dresden, 2008.

[gru03] *Grundlagen Epohydharze, Arbeitsanleitungen.* www.r-g.de, 2003 - webbook.

[Gru09] T. M. Grundmann, *Automatisiertes Preforming für schalenförmige komplexe Faserverbundbauteile*, Dissertation, RWTH Aachen, 2009.

[Hab09] G. Habenicht, *Kleben: Grundlagen, Technologien, Anwendungen*, Kap. Einteilung und Aufbau der Klebstoffe, S. 3–11, Springer-Verlag, Berlin, Heidelberg, 2009 - ISBN 978-3-540-85264-3.

[han09] *Handhabung von Faserverbundhalbzeugen*, Fraunhofer Institut für Produktionstechnologie IPT, Prospekt, 2009.

[HCE+08] E. Hufnagl, Ch. Cherif, H. Erth, W. Hufenbach, *Entwicklung und Erprobung thermoplastischer endlosfaserverstärkter mehraxialer Gitterstrukturen als Verstärkungselemente (TEMAG) (IGF - Nr. 175 ZBR/1)*, Abschlussbericht, TU Dresden, 2008.

[HCL04] P. Harrison, M. J. Clifford, A. C. Long, *Shear characterisation of viscous woven textile composites: a comparison between picture frame and bias extension experiments*, Composites Science and Technology **64** (2004), Nr. 10-11, 1453–1465.

[Her04] A. S. Herrmann, *Produktionstechnik für große CFK-Strukturen*, Industrie Management **20(6)** (2004), 19–22.

[HFC+07] E. Hufnagl, G. Franzke, Ch. Cherif, R. Helbig, H. Erth, R. Kupfer, W. Hufenbach, *Thermoplastische Gitterstrukturen für Kunststoffverstärkungen*, Proceedings 14. Techtextil Symposium (Frankfurt), 2007.

[HGF07] K. Henning, Th. Gries, P. Flachskamp, *Wirtschaftliche Herstellung von Faserverbundteilen mit Hilfe automatisiert hergestellter textiler Preforms. AutoPreforms (IGF - Nr. 14420 N)*, Abschlussbericht, RWTH Aachen, 2007.

[HKF+07] E. Hufnagl, U. Körkritz, G. Franzke, Ch. Cherif, *Beeinflussung der Eigenschaften von textilen Gitterstrukturen durch Oberflächenbehandlung*, Proceedings 46. Chemiefasertagung Dornbirn (Österreich), 2007.

[HMS+04] S. Hesse, G. Monkmann, R. Steinmann, H. Schunk, *Robotergreifer - Funktion, Gestaltung und Anwendung industrieller Greiftechnik*, Carl Hanser Verlag, München, 2004 - ISBN 978-3446229204.

[HP05] S. G. Hancock, K. D. Potter, *Inverse drape modelling - an investigation of the set of shapes that can be formed from continuous aligned woven fibre reinforcements*, Composites: Part A **36** (2005), 947–953.

[Hör94] K. Hörsting, *Rationalisierung der Fertigung langfaserverstärkter Verbundwerkstoffe durch den Einsatz multiaxialer Gelege*, Dissertation, RWTH Aachen, 1994.

[ivw09] *http://www.ivw.uni-kl.de/*, 2009.

[JB06] I. Jansen, R. Böhme, *Laserstrahlbehandlung von faserverstärkten Kunststoffen vor dem Kleben*, Schweißen und Schneiden **58(5)** (2006), 247–249.

[jow08] *Technisches Datenblatt Jowatherm-Reaktant POR-Hotmelt 628.90*, 2008.

[KE04] A. Kopczynska, G. W. Ehrenstein, *Durchstrahlungsverklebung in der Elektronik*, Adhäsion, Kleben und Dichten **48** (2004), 37–41.

[kes10] *http://english.keskato.co.jp/*, 2010.

[KNK73] S. Kawabata, M. Niva, H. Kawai, *The finite deformation theory of plainweave fabrics part 1: the biaxial deformation theory*, the Journal of the Textile Institute **64** (1973), 21–46.

[KK07] F. Klocke, W. König, *Fertigungsverfahren. Abtragen, Generieren und Lasermaterialbearbeitung*, Kap. Materialbearbeitung mit Hochdruckwasserstrahl, S. 321–332, Springer Verlag Berlin Heidelberg New York, 2007 - ISBN 978-3-540-23492-0.

[Kör03] T. Körwien, *Konfektionstechnisches Verfahren zur Herstellung von endkonturnahen textilen Vorformlingen zur Versteifung von Schalensegmenten*, Dissertation, Universität Bremen, 2003.

[Krz05] S. Krzywinski, *Verbindung von Design und Konstruktion in der textilen Konfektion unter Anwendung von CAE*, Habilitation, TUDpress (Dresdner Forschungen, Maschinenwesen Bd. 19), 2005.

[KRJ07] S. Krzywinski, H. Rödel, I. Jansen, *Verfahren zur Strukturfixierung von textilen Flächengebilden für Hochleistungs-Faserverbundbauteile und ein nach diesem Verfahren hergestelltes textiles Flächengebilde*, Patent DE 2007-102007032904, 2007.

[KSH+10] S. Krzywinski, A. Schenk, E. Haase, H. Rödel, *Berücksichtigung der Materialeigenschaften textiler Mehrschichtstrukturen und Nähte in der Simulation und virtuellen Passformkontrolle von Bekleidungstextilien*, DFG Abschlussbericht RO 1303/13-2, TU Dresden, 2010.

[ksl10] *http://www.ksl-lorsch.de/*, 2010.

[LBD03] G. Lebrun, M. N. Bureau, J. Denault, *Evaluation of bias-extension and picture-frame test methods for the measurement of intraply shear properties of PP/glass commingled fabrics*, Composite Structures **61** (2003), Nr. 4, 341–352.

[LC07] A. C. Long, M. J. Clifford, *Composite forming technologies*, Kap. Composite forming mechanisms and materials charakterisation, S. 1–21. Woodhead Publishing Limmited, 2007 - ISBN 978-1-85573-607-8.

[lec10] *http://www.lectra.com/en/index.html*, 2010.

[LHD+08] J. Launay, G. Hivet, A. V. Duong, P. Boisse, *Experimental analysis of the influence of tensions on in plane shear behaviour of woven composite reinforcements*, Composites Science and Technology **68** (2008), 506–515.

[LIV+07] S. V. Lomov, D. S. Ivanov, I. Verpoest, M. Zako, T. Kurashiki, H. Nakai, S. Hirosawa, *Meso-FE modelling of textile composites: Road map, data flow and algorithms*, Composites Science and Technology **67** (2007), Nr. 9, 1870–1891.

[LV06] S. V. Lomov, I. Verpoest, *Model of shear of woven fabric and parametric description of shear resistance of glass woven reinforcements*, Composites Science and Technology **66** (2006), Nr. 7-8, 919–933.

[Mar02] W. Martin, *Adaptive Strukturen für die Luft- und Raumfahrt*, Proceedings 8. Nationales Symposium SAMPE Deutschland (Kaiserslautern), 2002.

[Mäd07] E. Mäder, *Interphasis in composite - design, characterisation and composite performance*, Proceedings Int. Conf. On Structural Analysis of Advanced Materials (ICSAM) (Patras (Greece)), 2007.

[MEO57] B. Morner, Z. Eeg-Olofsson, *Measurement of shearing properties of fabric*, Textile Research Journal **27** (1957), 611.

[MH06] N. Modler, W. Hufenbach, *Textilverstärkte Verbundkomponenten für funktionsintegrierende Mischbauweisen bei komplexen Leichtbauanwendungen*, Proceedings 10. Dresdner Leichtbausymposium, 2006, S. 1–12.

[Min06] H. Minami, *A multi-step linear approximation method for nonlinear analysis of stress and deformation of coated plain-weave fabric*, Journal of Textile Engineering **52** (2006), Nr. 5, 189–195.

[Mit04] P. Mitschang, *Prozessentwicklung und ganzheitliches Leichtbaukonzept zur durchgängigen, abfallfreien Preform-RTM Fertigung*, Institut für Verbundwerkstoffe GmbH Verlag, Kaiserslautern, 2004.

[ML00] A. Mills, J. Lowe, *Cost effective manufacturing approaches for lightweight composite structures. New solutions for composite processes in design and manufacturig*, Proceedings 1st Stade Composite Colloquium, 2000, S. 171–184.

[Möl04] R. Möllner, *Laserschneiden von 3D-gewebten Airbags*, Proceedings Konfektion Technischer Textilien (Denkendorf), 2004.

[MM06] P. Mitschang, P. Molnar, *Influencing the drapability of organic sheets during thermoforming*, 8th International Conference on Textile Composites (TEXCOMP-8) (Nottingham (UK)), 2006.

[MM07] P. Mitschang, P. Molnar, *Grundlagen zur Drapierbeeinflussung beim Thermoformen durch konfektionierte Textilstrukturen*, SPP 1123 Abschlusskolloquium (Dresden), 2007.

[MOL+07] P. Molnar, A. Ogale, R. Lahr, P. Mitschang, *Influence of drapability by using stitching technology to reduce fabric deformation and shear during thermoforming*, Composites Science and Technology **67** (2007), 3386–3393.

[nai06] *http:// www.naiss.de*, 2006.

[nan] *Sensing & inspektion technologies phoenix x-ray*, GE - booklet.

[Noh02] M. Nohl, *Faserverstärkte Kunststoffe in Sicherheits- und Leichtbauanwendungen*, Proceedings 8. Nationales Symposium SAMPE Deutschland (Kaiserslautern), 2002.

[Nou03] P. Nousiainen, *High performance and high technology fibre characterisation*, Lecture script: High Pervormance Fibers I, TU Tampere, 2003.

[Ora06] S. Orawattanasrikul, *Experimentelle Analyse der Scherdeformation biaxial verstärkter Mehrlagengestricke*, Dissertation, TU Dresden, 2006.

[Ost96] T. Osthus, *Comparison of the economic efficiency of textile prepregs*, Proceedings International Man-Made-Fibres Congress (Dornbirn), 1996.

[PC90] C. M. Pastore, Y. J. Cai, *Composite materials design and analysis*, Kap. Applications of computer aided geometric modelling for textile structural composites, S. 127–142, Berlin: Springer, 1990.

[PCR06] P. Potluri, D.A. Perez Ciurezu, R.B. Ramgulam, *Measurement of meso-scale shear deformations for modelling textile composites*, Composites: Part A, **37** (2006), 303–314.

[Röd07] H. Rödel, *Konfektionierung technischer Textilien*, Vorlesungsunterlagen, TU Dresden, 2007.

[Reu00] R.-D. Reumann, *Prüfverfahren in der Textil- und Bekleidungstechnik*, Springer-Verlag, Berlin, Heidelberg, New York, 2000 - 9783540661474.

[RGM+06] E. Rau, E. Graufogl, H. Manzke, P. Cyr, *Ultrasonic phased array testing of complex aircraft structures*, ECNDT, 2006.

[RH02] Y. C. Roth, N. Himmel, *Modellierung des Deformationsverhaltens verhähter Hochleistungsfaserverbundstrukturen*, Proceedings 8. Nationales Symposium SAMPE Deutschlnd (Kaiserslautern), 2002.

[RHK04] H. Rödel, C. Herzberg, S. Krzywinski, *Konfektionstechnische Fertigung textiler Preforms am Beispiel von CF-PEEK-Hochleistungsrotoren*, Proceedings Konfektion Technischer Textilien (Denkendorf), 2004.

[RM08] G. Rieber, P. Mitschang, *Influence of stitching on two-dimensional permeability*, Proceedings 9th International Conference on Flow Processes in Composite Materials (Montreal (Canada)), 2008.

[RM10] G. Rieber, P. Mitschang, *2D Permeability changes due to stitching seams*, Composites: Part A **41** (2010), Nr. 1, 2–7.

[RS01] L. Reiff-Stephan, *Beitrag zum Greifen von Textilien*, Fraunhofer IPK/IRB Verlag, Berlin, 2001 - ISBN 978-3-8167-5622-4

[RTL+99] C. D. Rudd, M. R. Turner, A. C. Long, V. Middleton, *Tow placement studies for liquid composite moulding*, Composites: Part A **30** (1999), 1101–1121.

[RWM53] C. H. Reichardt, H. K. Woo, D. J. Montgomery, *A two-dimensional load-extension tester for woven fabrics*, Textile Research Journal **23** (1953), Nr. 6, 424.

[sae10] *http://www.saertex.com*, 2010.

[Sch51] K. Schlien, *Das deutsche Textilgewebe - Prüfgerät*, Kap. Amerikanische Prüfgeräte zur Gewebeuntersuchung, Textilwirtschaftsverlag Mönchengladbach, 1951.

[Sch96] A. Schenk, *Berechnung des Faltenwurfs textiler Flächengebilde*, Dissertation, TU Dresden, 1996.

[Sei07] M. Seif, *Bereitstellung von Materialkennwerten für die Simulation von Bekleidungsprodukten*, Dissertation, TU Dresden, 2007.

[SGK+09] A. Schnabel, T. Grundmann, F. F. Kruse, Th. Gries, *Automatisiertes textiles Preforming*, lightweightdesign **3** (2009), 44–47.

[SHB87] R. Schütze, W. Hillger, H. Bäuml, *Schadensuntersuchungen an multidirektionalen CFK-Laminaten nach Schwingbelastungen mit r = -1*, Materialwissenschaft und Werkstofftechnik **18** (1987), no. 4, 124–130.

[Spe07] G. Spenninger, *Untersuchungen zur Fertigung einer wellenartig verstärkten Spantramenstruktur in textiler Konfektionstechnik*, Beschreibung des Teilarbeitspaketes, (2007).

[Åst97] B. T. Åström, *Manufacturing of polymer composites*, Chapman & Hall, London, 1997.

[sti91] *DIN 61400 1991. Nähstichtypen, Einleitung und Begriffe.*

[Stu98] H. Stumpf, *Study on the manufacture of thermoplastic composites from new textile preforms*, Dissertation, TU-Hamburg-Harburg, 1998.

[top10] *http://www.topcut-bullmer.com/*, 2010.

[Trü06] W. Trümper *Untersuchungen zur Herstellung von Preformen aus biaxial verstärkten 3D-Mehrlagengestricken (MLG) für einen Faserverbund-Schüttgutbecher*, Diplomarbeit, TU Dresden, 2006.

[Ull08] T. Ullmann, *Zerstörungsfreie Prüfung von CMC-Strukturbauteilen*, Faserkeramik-Kolloquium, 2008.

[uni08] *http://www.ifb.uni-stuttgart.de/redux/html/profil.html*, 2008.

[VdW91] F. Van der Weeën, *Algorithms for draping fabrics on doubly-curved surfaces*, International Journal for Numerical Methods in Engineering **31** (1991), 1415–1426.

[WC89] T. J. Whitney, T.-W. Chou, *Modelling of 3-D angle-interlock textile structural composites*, Journal of Composite Materials **23** (1989), Nr. 9, 890–911.

[Wei03] A. P. Weiland, *Nähtechnische Herstellung von dreidimensional räumlich verstärkten Preforms mittels Einseitennähtechniken*, Dissertation, TU Dresden, 2003.

[WM04] C. Weimar, P. Mitschang, *Handbuch Verbundwerkstoffe. Werktoffe, Verarbeitung, Anwendung*, Kap. Preformverfahren, S. 73–85, Carl Hanser Verlag München Wien, 2004 - ISBN 3-446-22010-0.

[WPM+00] C. Weimar, T. Preller, P. Mitschang, K. Drechsler, *Approach to net-shape preforming using textile technologies. Part 1: edges*, Composites: Part A **31** (2000), 1261–1268.

[WWK+09] F. Weiland, C. Weimer, C. V. Katsiropoulos, S. G. Pantelakis, M. Asareh, D. D. R. Cartie, A. R. Mills, A. A. Skordos, L. Dufort, P. De Luca, A. K. Pickett, *Manufacture of a rotor blade pitch horn using novel binder yarn fabrics*, 17th International Conference of Composite Materials (Edinburgh (UK)), 2009.

[Zha07] N. Zhao, *Nähen als Montageverfahren textiler Preforms und Wirkungen der Nähte auf lokale mechanische Eigenschaften thermoplastischer Faserverbundwerkstoffe*, Dissertation, TU Dresden, 2007.

[ZRH+09] N. Zhao, H. Rödel, C. Herzberg, S.L. Gao, S. Krzywinski, *Stitched glass/PP composite. Part I: Tensile and impact properties*, Composites: Part A **40** (2009), Nr. 5, 635–643.

[ZHM09] S. Zur Horst-Meyer, *Möglichkeiten der Lecksuche mit Ultraschall*, DGZfP, 2009.

[zwi10] *http://www.zwick.de/*, 2010.

[ZYT07] B. Zhu, T.X. Yu, X.M. Tao, *An experimental study of in-plane large shear deformation of woven fabric composite*, Composites Science and Technology **67** (2007), Nr. 2, 252–261.

Tabellenverzeichnis

Abbildungsverzeichnis

Anhang A

Ergebnisse der experimentellen Untersuchungen

Tabelle A.1: Charakteristische Kennwerte der Flächengebilde G2 (kritischer Scherwinkel φ_{kr} und max. Ausziehkraft F_{max}) und der FKV (Biegespannung σ_f und interlaminare Scherfestigkeit τ)

	φ_{kr} [°]	F_{max} [N]		σ_f [MPa]		τ[MPa]
		Kette	Schuss	GFK	CFK	
Referenz	30,60	0,47	0,87	101,10	128,24	37,15
Binder B1	26,33	-	-	85,60	-	-
Binder B2	29,28	2,63	3,59	98,00	130,37	35,69
Binder B3	30,53	2,82	3,33	123,00	122,91	36,00
Binder B4	26,27	2,77	3,39	136,90	-	41,15
Binder B5	26,32	-	-	96,00	-	41,72

Tabelle A.2: Kritische Scherwinkel der Proben mit verschiedenen Bindermustern

φ_{kr} [°]	**Referenz**	**Muster B**	**Muster C**	**Muster D**	**Muster F**	**Muster E**
	30,6	29,28	14,50	4,13	5,54	5,54

Anhang B

Scherkraft-Scherwinkel-Diagramme mit φ_{kr}

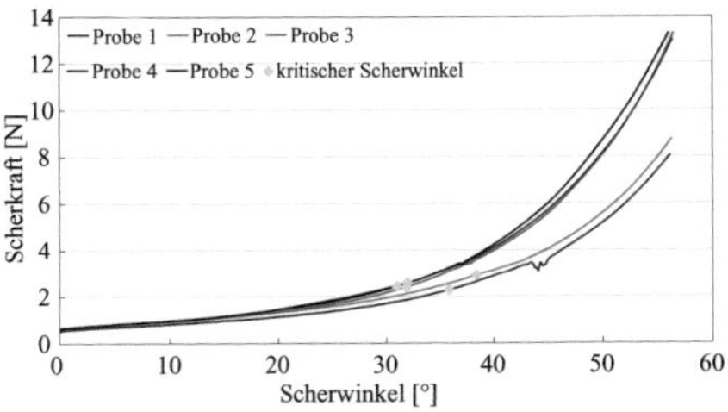

Bild B.1: Gewebe G1

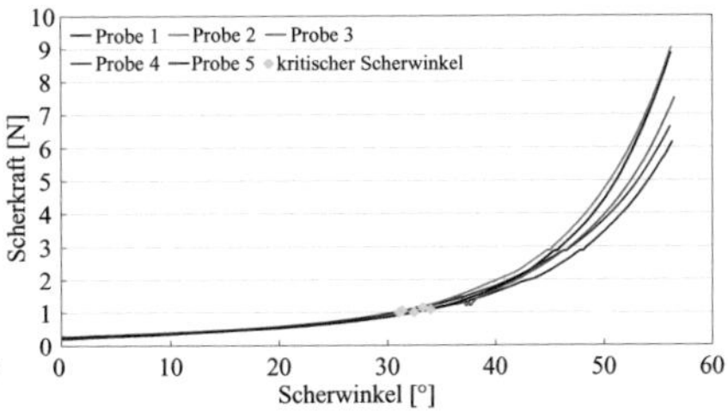

Bild B.2: Gewebe G2

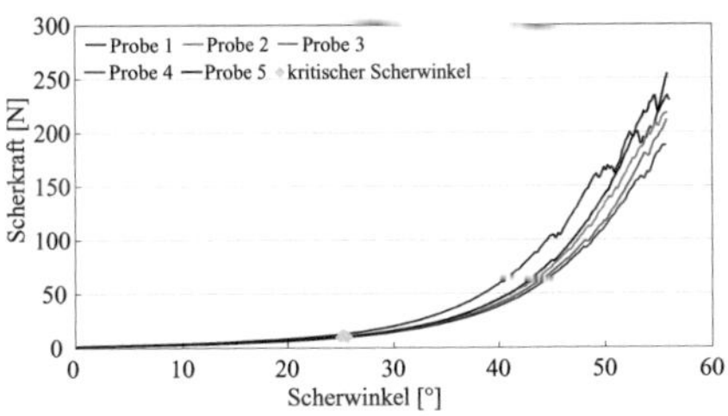

Bild B.3: Gewebe G3

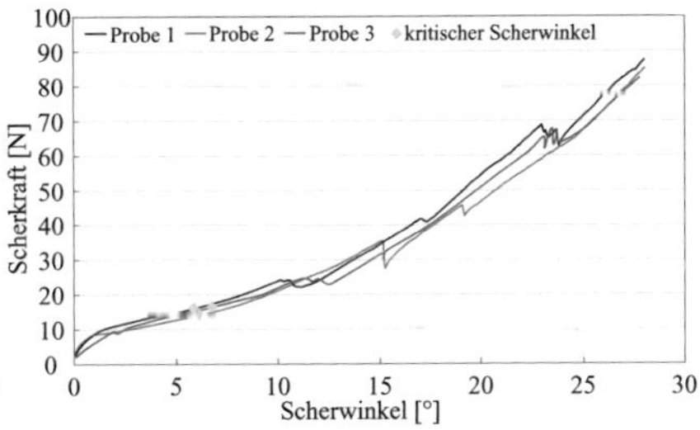

Bild B.4: Gelege M1, Richtung a

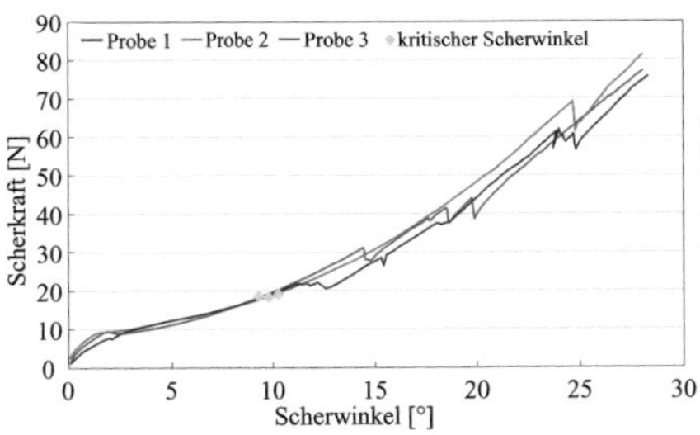

Bild B.5: Gelege M1, Richtung b

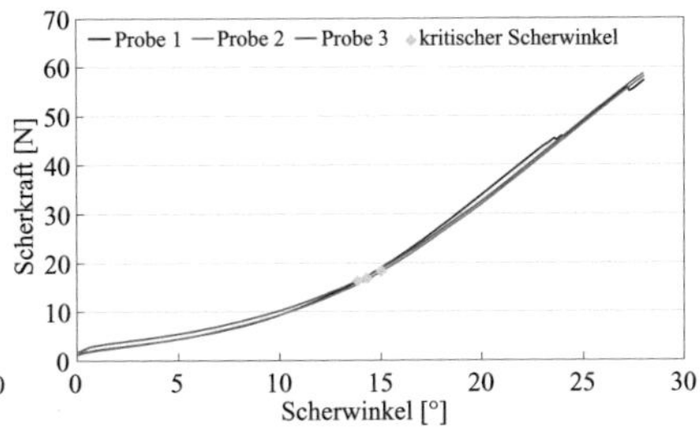

Bild B.6: Gelege M1, Richtung c

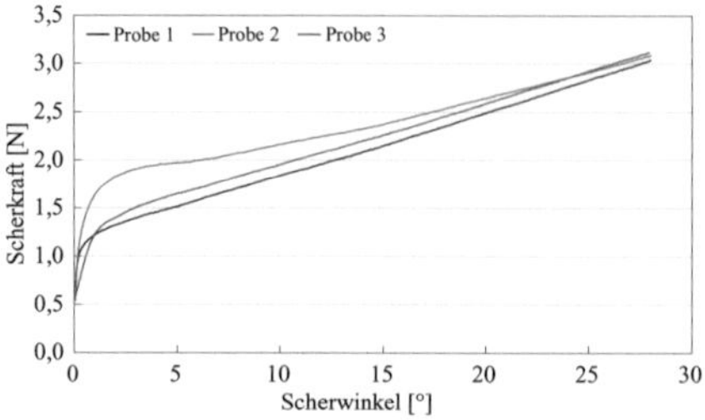

Bild B.7: Gelege M1, Richtung d

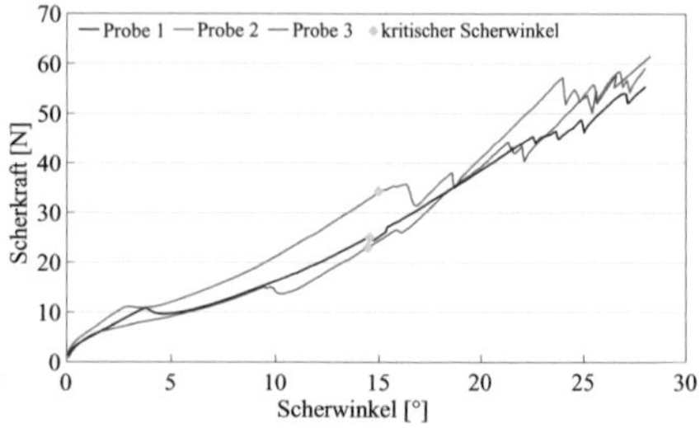

Bild B.8: Gelege M2, Richtung a

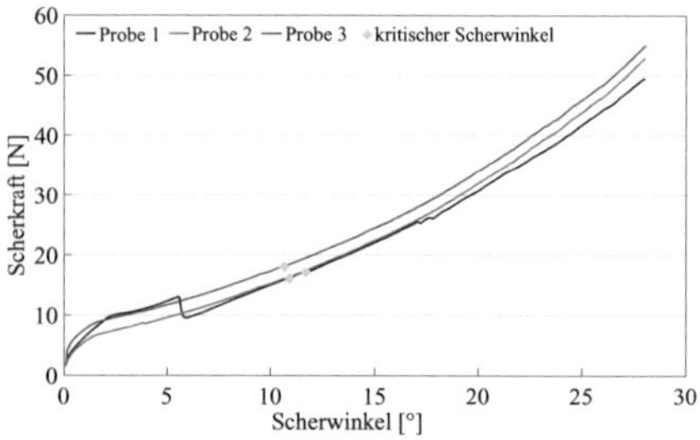

Bild B.9: Gelege M2, Richtung b

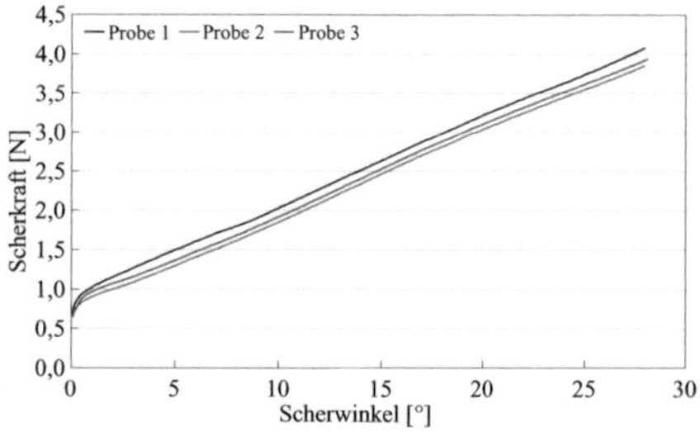

Bild B.10: Gelege M2, Richtung c

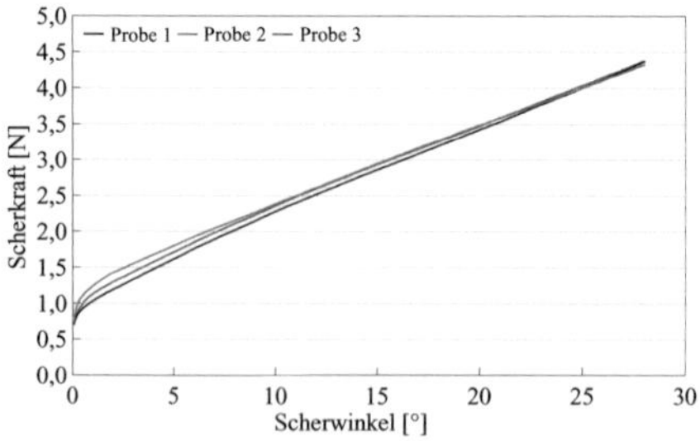

Bild B.11: Gelege M2, Richtung d

Anhang C

Scherkraft-Scherwinkel-Diagramme mit φ_{Grenz}

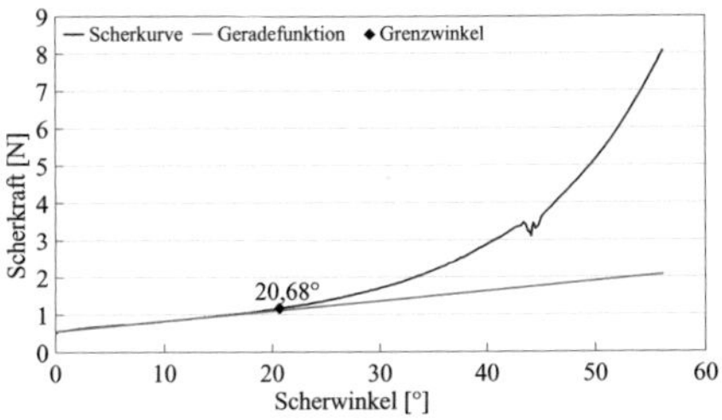

Bild C.1: Gewebe G1, Probe 1

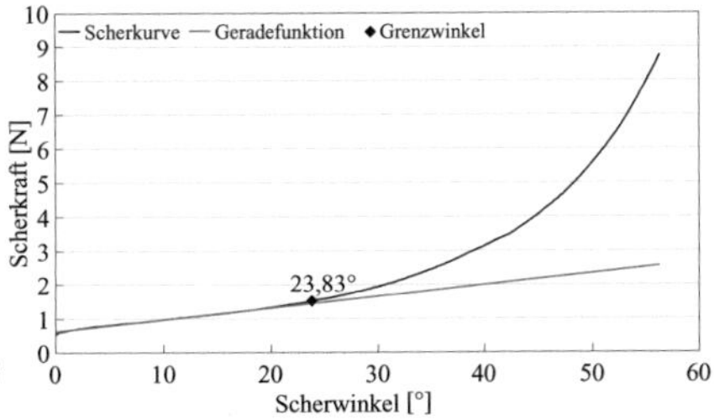

Bild C.2: Gewebe G1, Probe 2

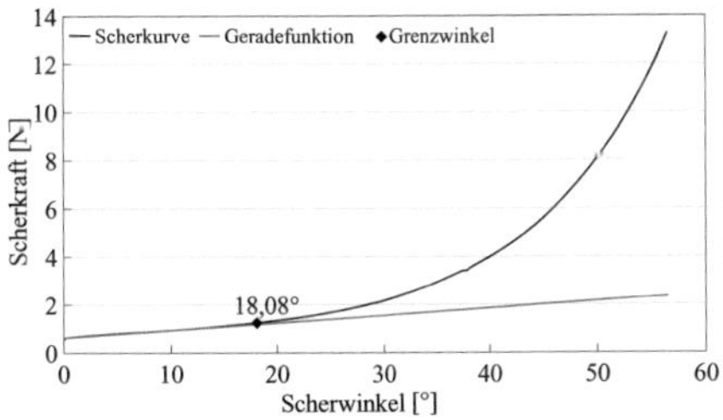

Bild C.3: Gewebe G1, Probe 3

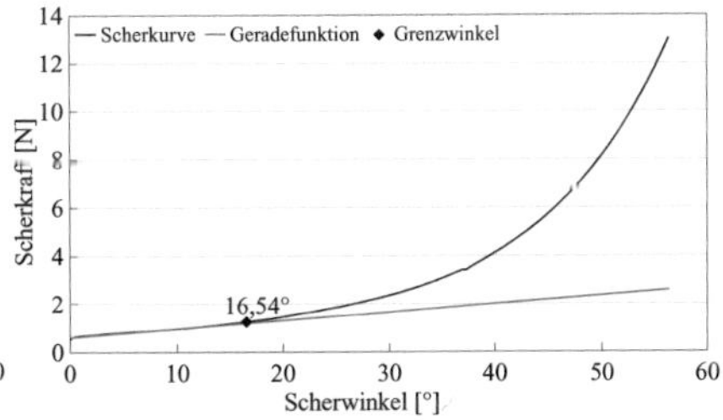

Bild C.4: Gewebe G1, Probe 4

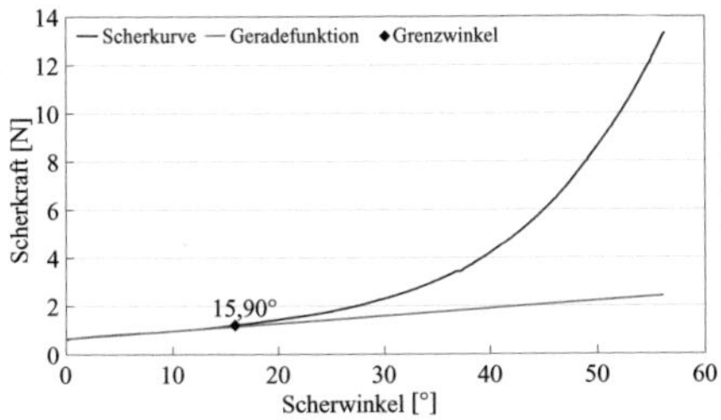

Bild C.5: Gewebe G1, Probe 5

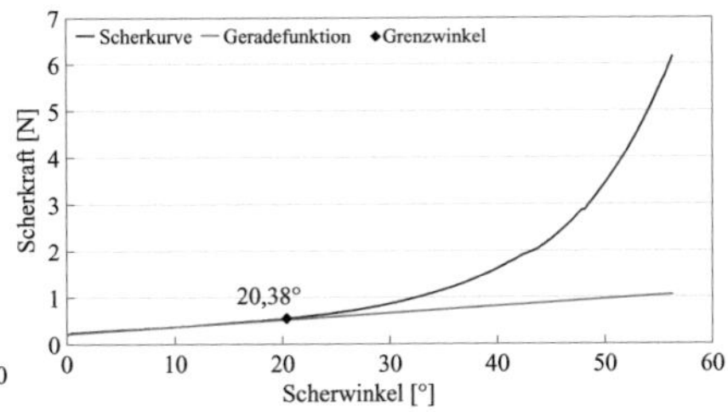

Bild C.6: Gewebe G2, Probe 1

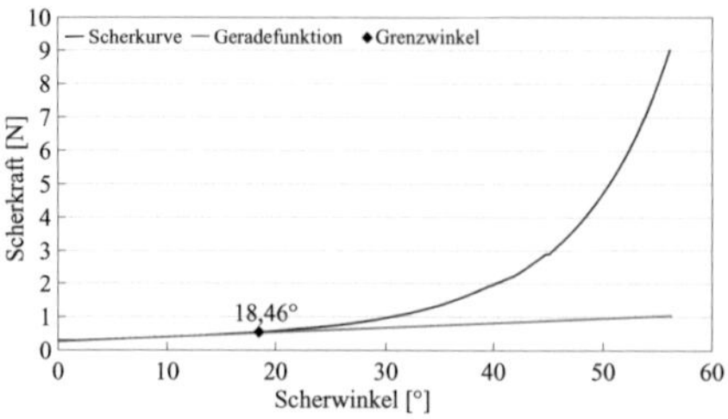

Bild C.7: Gewebe G2, Probe 2

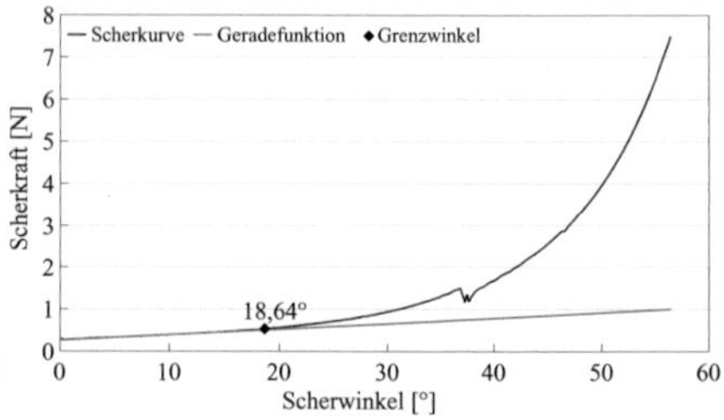

Bild C.8: Gewebe G2, Probe 3

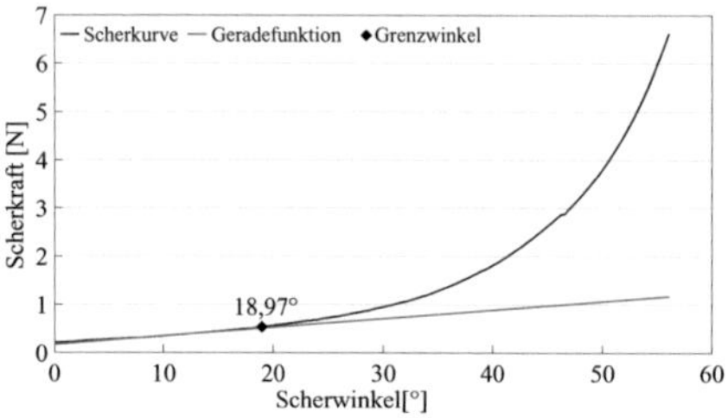

Bild C.9: Gewebe G2, Probe 4

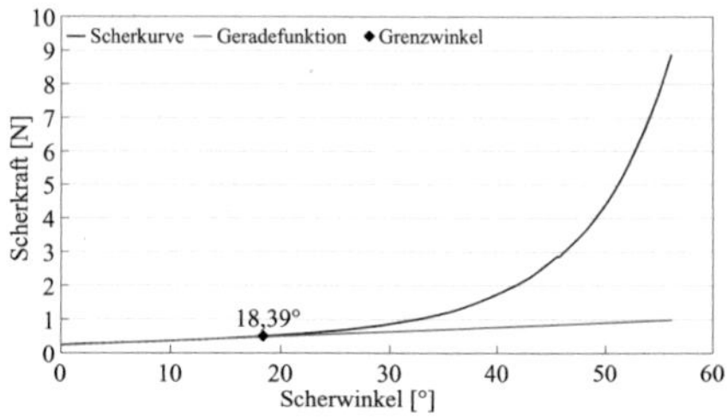

Bild C.10: Gewebe G2, Probe 5

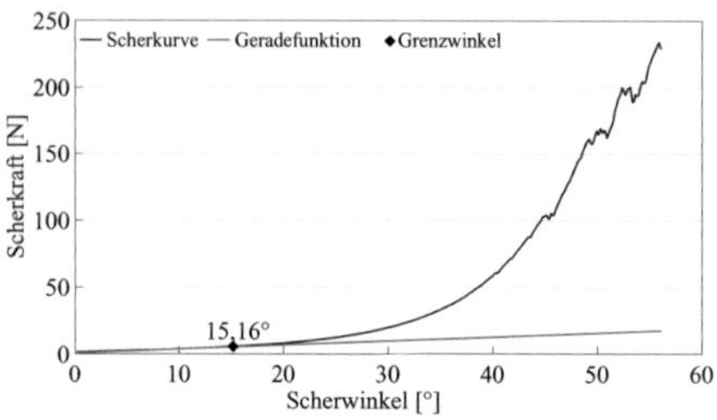

Bild C.11: Gewebe G3, Probe 1

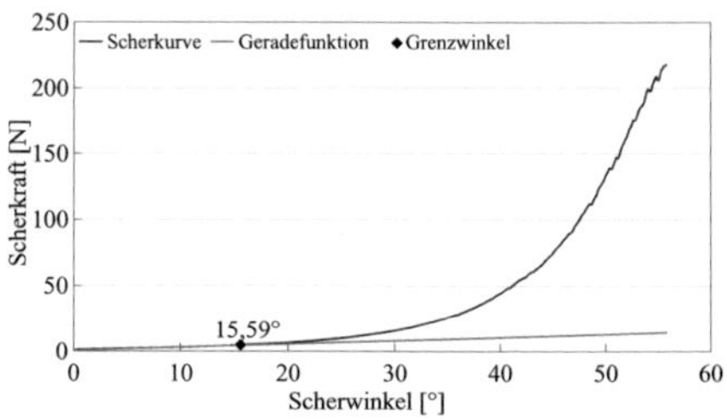

Bild C.12: Gewebe G3, Probe 2

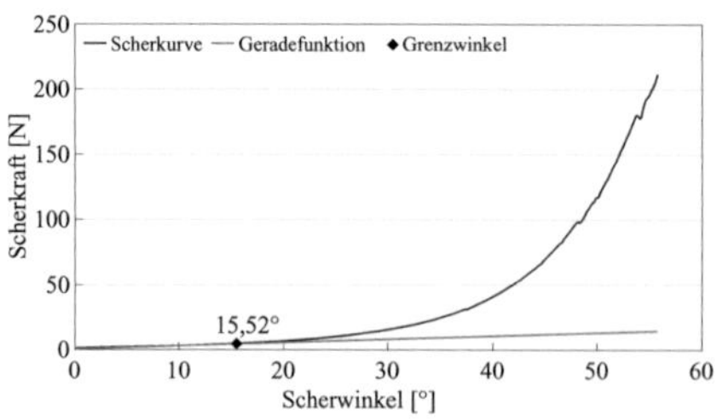

Bild C.13: Gewebe G3, Probe 3

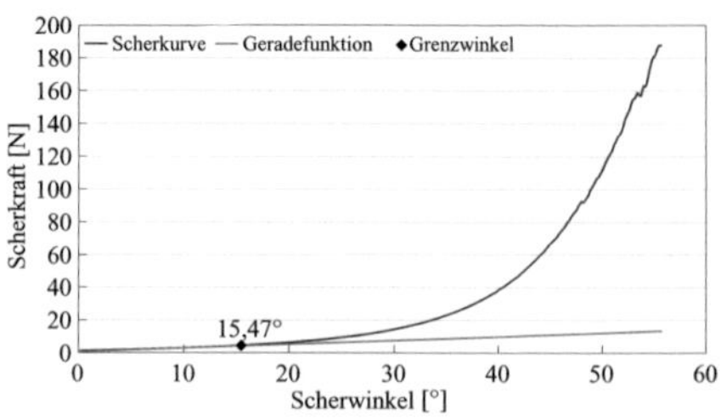

Bild C.14: Gewebe G3, Probe 4

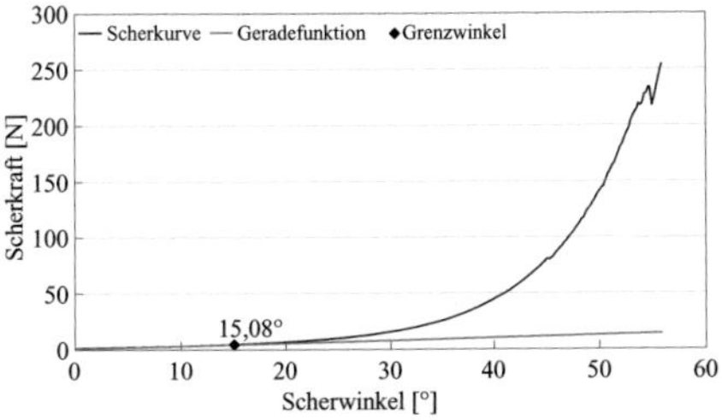

Bild C.15: Gewebe G3, Probe 5

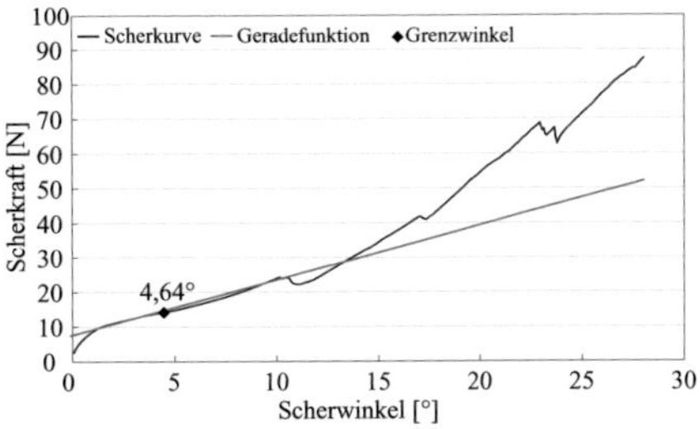

Bild C.16: Gelege M1, Richtung a, Probe 1

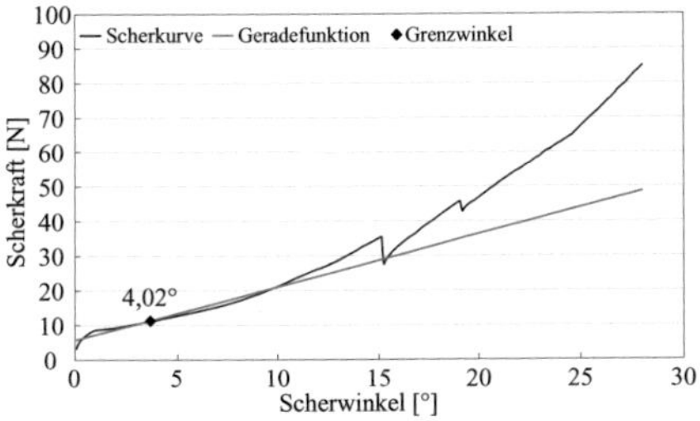

Bild C.17: Gelege M1, Richtung a, Probe 2

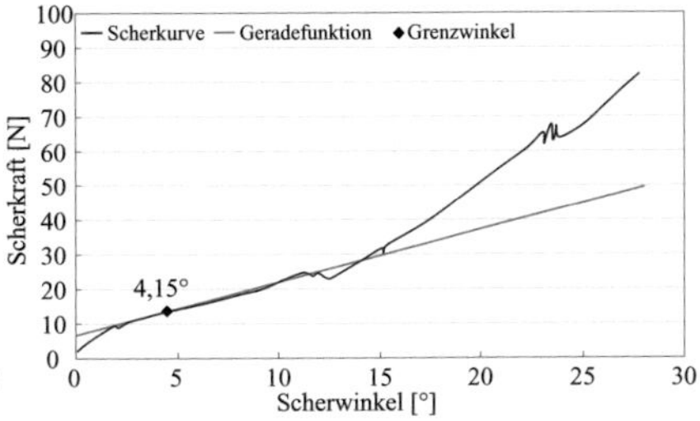

Bild C.18: Gelege M1, Richtung a, Probe 3

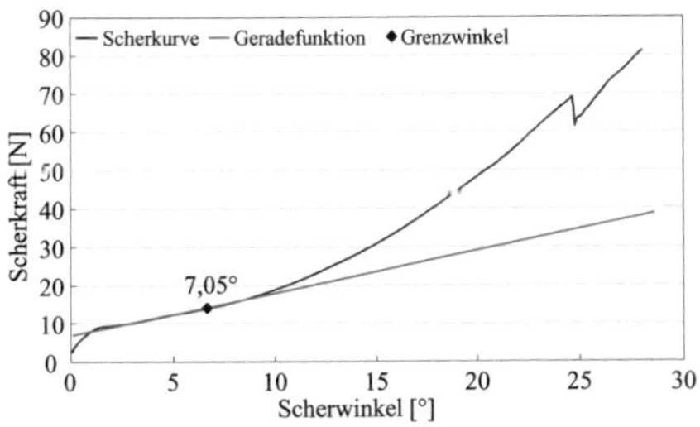

Bild C.19: Gelege M1, Richtung b, Probe 1

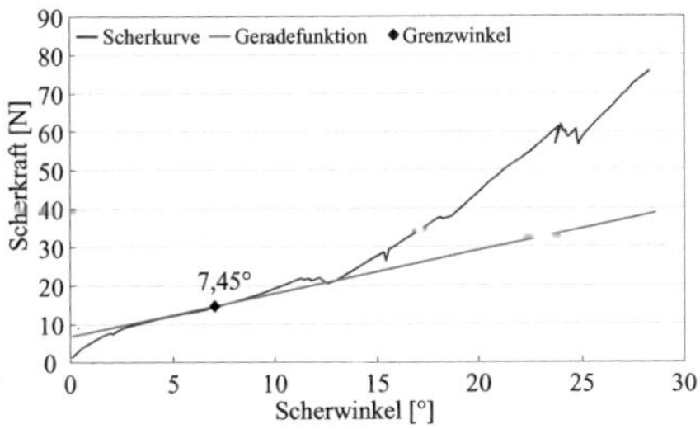

Bild C.20: Gelege M1, Richtung b, Probe 2

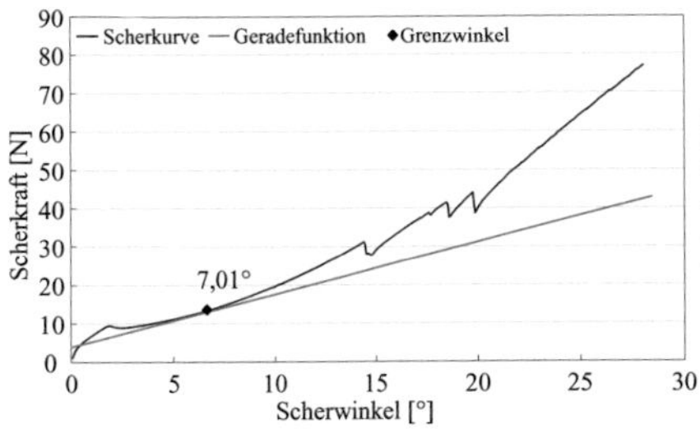

Bild C.21: Gelege M1, Richtung b, Probe 3

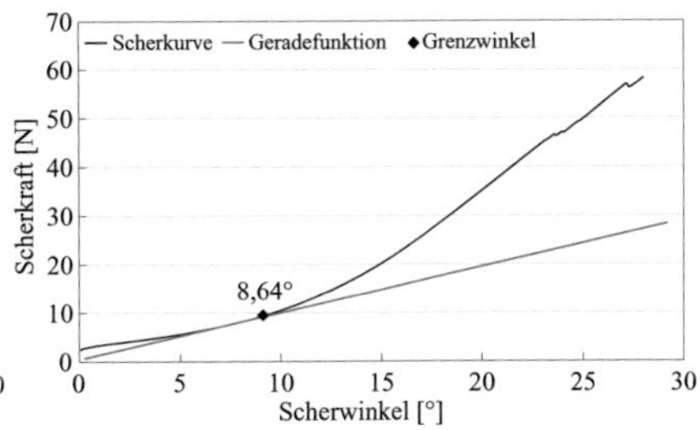

Bild C.22: Gelege M1, Richtung c, Probe 1

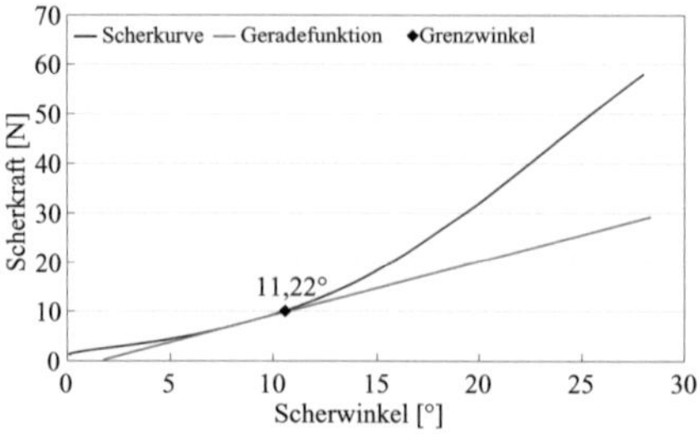

Bild C.23: Gelege M1, Richtung c, Probe 2

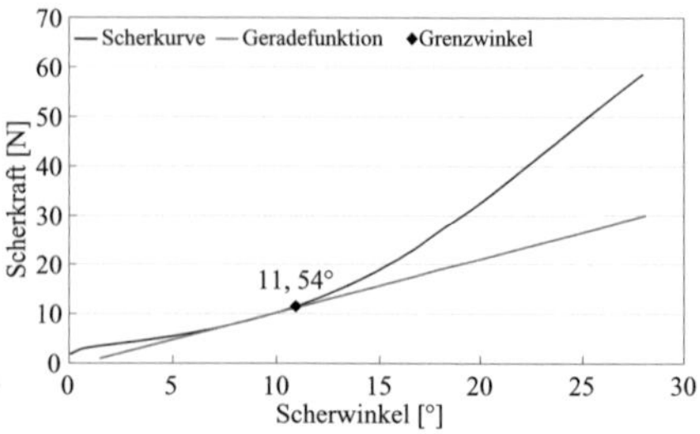

Bild C.24: Gelege M1, Richtung c, Probe 3

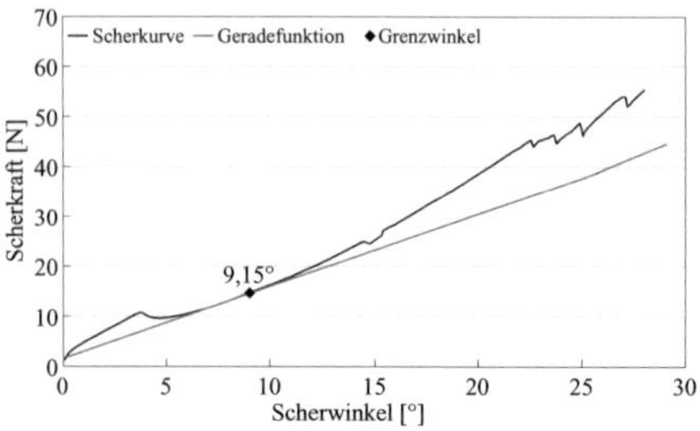

Bild C.25: Gelege M2, Richtung a, Probe 1

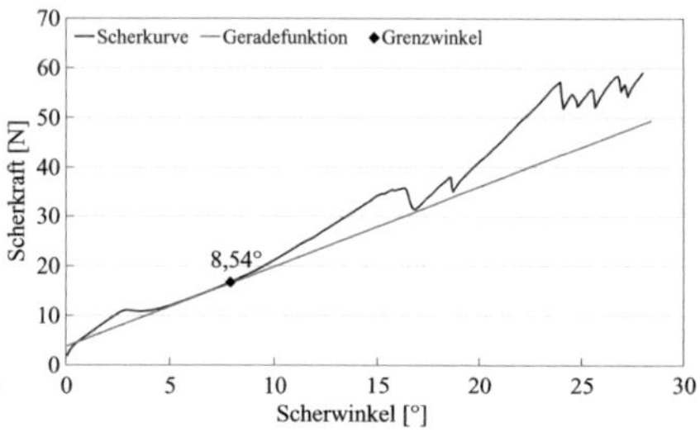

Bild C.26: Gelege M2, Richtung a, Probe 2

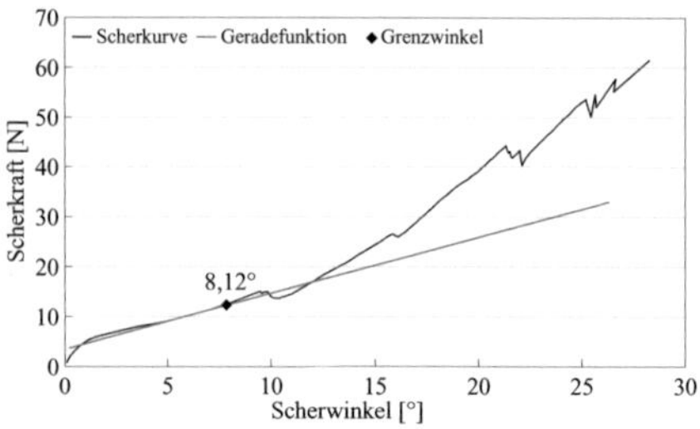

Bild C.27: Gelege M2, Richtung a, Probe 3

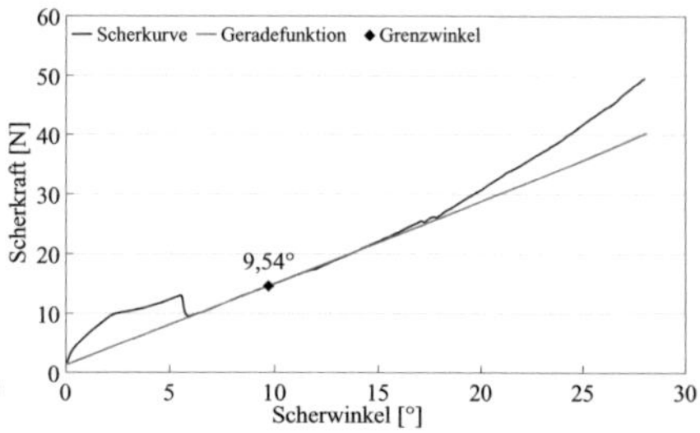

Bild C.28: Gelege M2, Richtung b, Probe 1

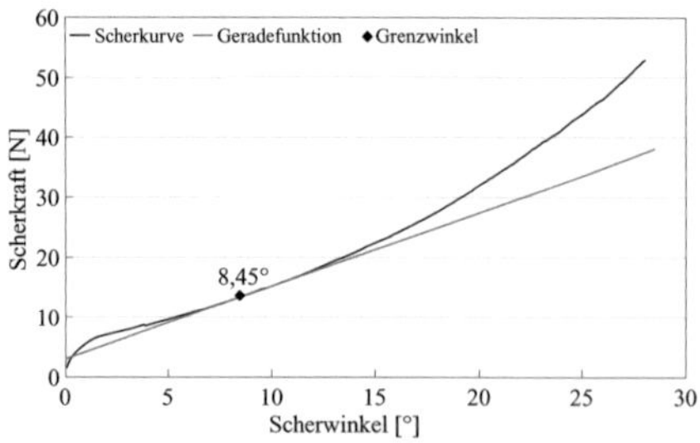

Bild C.29: Gelege M2, Richtung b, Probe 2

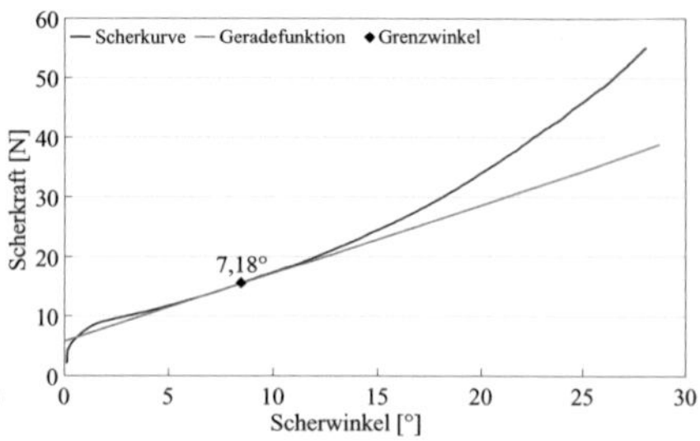

Bild C.30: Gelege M2, Richtung b, Probe 3

Anhang D

Ausgewählten Aufnahmen der Computertomographie

Im Folgenden sind die CT Bilder einer aus der Spantrahmenstruktur ausgeschnittenen Probe, die mit Nr. 3 im Bild 7.16 gekennzeichnet ist, dargestellt. Die CT-Parameter sind in der Tabelle D.1 zusammengefasst.

Tabelle D.1: CT-Parameter

CT-Geometrie
Vergrößerungsfaktor = 5,57 Voxelgröße = 17,94 $\mu m/vox$
Röntgenparameter
Spannung = 50 kV Stromstärke = 200 μA
3D Volumenparameter
Volumengröße (x y z) = 1152 x 304 x 1152 μm

Tomographische Schnitte in z-Richtung (jeder fünfte tomographische Schnitt)

⟶ Betrachtungsrichtung

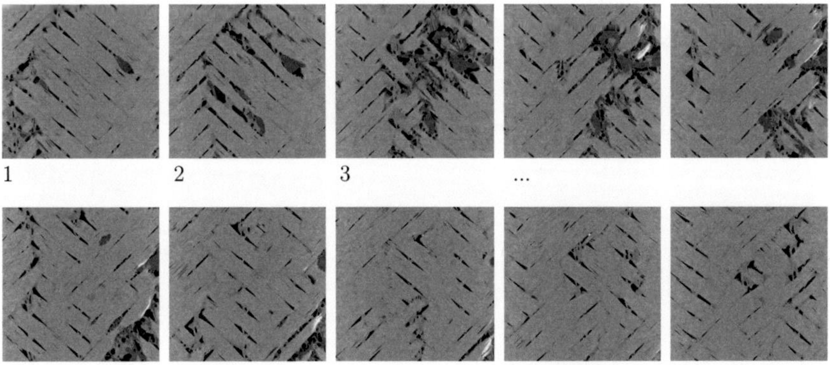

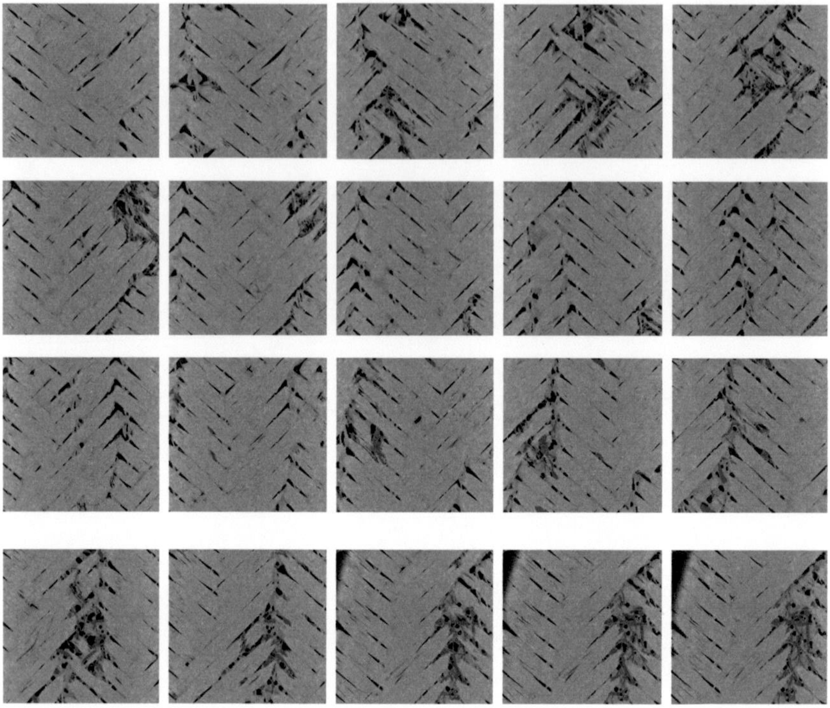

Tomographische Schnitte in y-Richtung (jeder fünfzehnte tomographische Schnitt)

⟶ Betrachtungsrichtung

1 2 3 ...

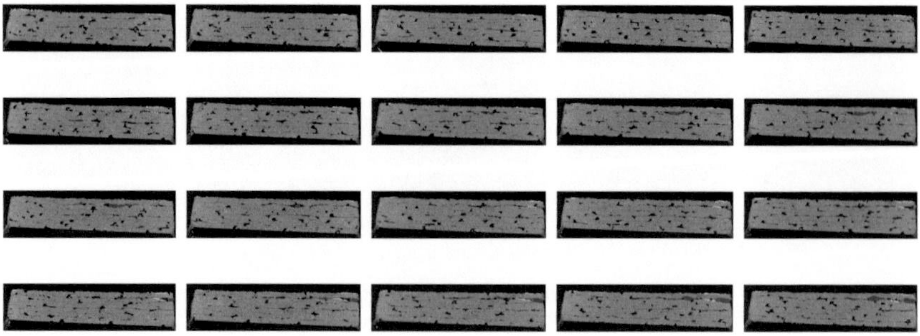

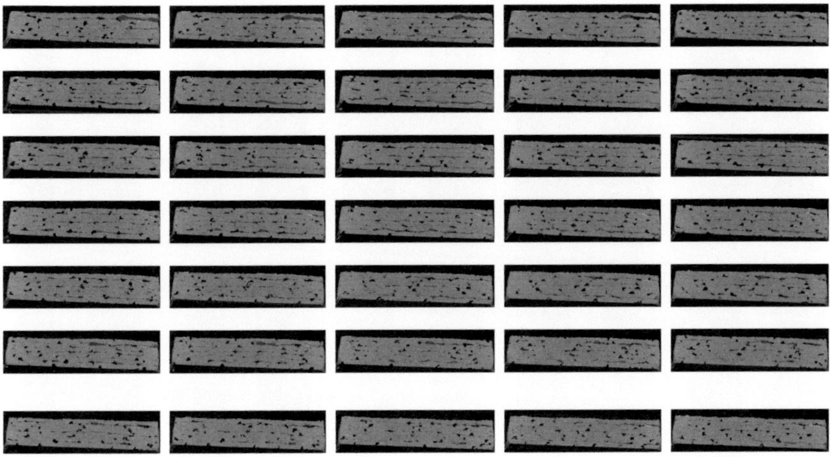

Tomographische Schnitte in x-Richtung (jeder fünfzehnte tomographische Schnitt)

⟶ Betrachtungsrichtung

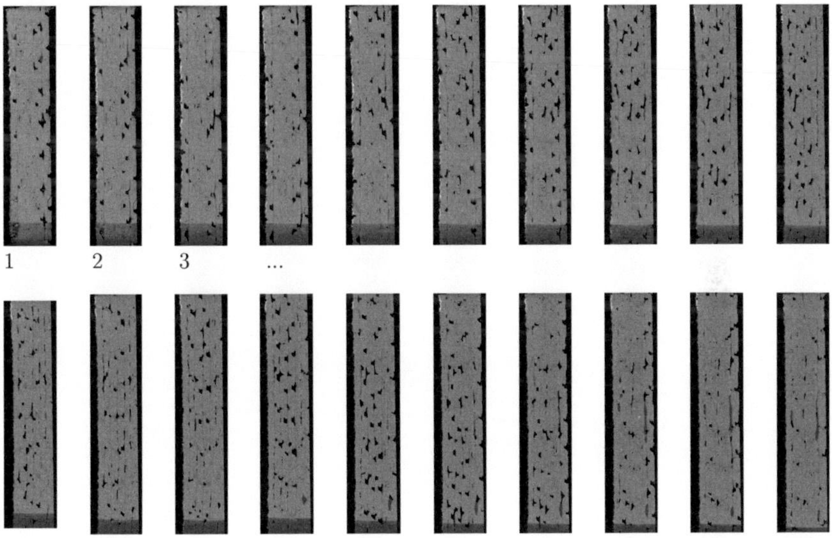

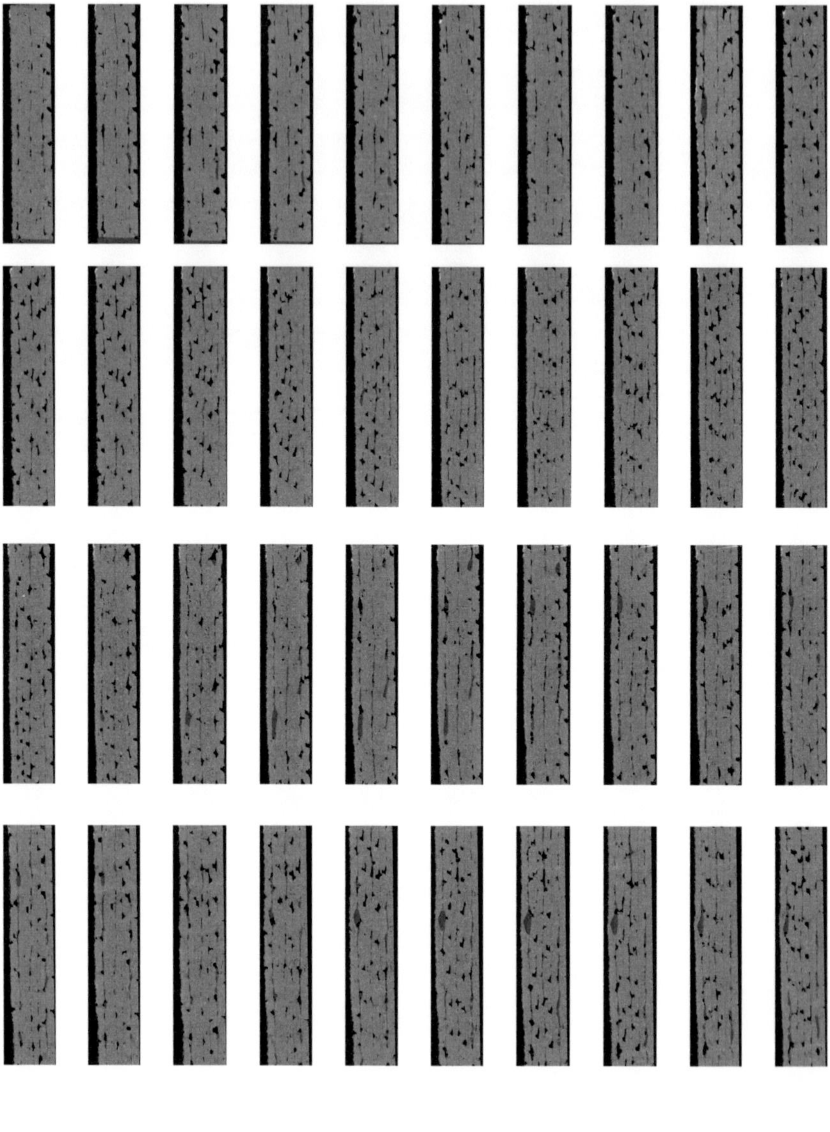